近代淮河洪涝演变

钱名开　程兴无　陈红雨　赵梦杰　胡友兵　编著

中国水利水电出版社
www.waterpub.com.cn
·北京·

内 容 提 要

本书采用淮河流域水文气象长系列资料,分析了近代气候变化、土地利用变化、水利工程与河道演变、水文要素变化和洪涝灾害变化带来的流域环境演变特点,研究了淮河流域暴雨的统计特征,分析了洪涝分布及其演变规律、影响因子等,研究了流域旱涝急转、暴雨的时空分布对洪涝分布组合以及洪涝演变的影响,分析了代表性水文站的产汇流演变规律,并就如何有效减少淮河流域洪涝灾害损失提出了建议。本书对研究、分析流域的综合治理、防灾减灾、水资源管理等具有较高的参考使用价值。

本书可作为水利、水文、气象等部门的专业人员的参考书,也可供相关专业的高校师生和研究机构人员学习使用。

图书在版编目(CIP)数据

近代淮河洪涝演变 / 钱名开等编著. -- 北京 : 中国水利水电出版社,2021.2
ISBN 978-7-5170-9451-7

Ⅰ. ①近… Ⅱ. ①钱… Ⅲ. ①淮河—水灾—历史—近代 Ⅳ. ①P426.616

中国版本图书馆CIP数据核字(2021)第039339号

书 名	**近代淮河洪涝演变** JINDAI HUAI HE HONGLAO YANBIAN	
作 者	钱名开 程兴无 陈红雨 赵梦杰 胡友兵 编著	
出 版 发 行	中国水利水电出版社 (北京市海淀区玉渊潭南路1号D座 100038) 网址:www.waterpub.com.cn E-mail:sales@waterpub.com.cn 电话:(010)68367658(营销中心)	
经 售	北京科水图书销售中心(零售) 电话:(010)88383994、63202643、68545874 全国各地新华书店和相关出版物销售网点	
排 版	中国水利水电出版社微机排版中心	
印 刷	天津嘉恒印务有限公司	
规 格	170mm×240mm 16开本 13.5印张 272千字	
版 次	2021年2月第1版 2021年2月第1次印刷	
定 价	**68.00元**	

淮河流域地处我国南北气候过渡带，受特殊的气候和下垫面条件影响，长期以来流域的洪涝、干旱灾害频繁，已成为制约流域经济社会发展的重要因素。21 世纪以来，淮河流域的洪涝灾害以及旱涝急转事件频繁发生，虽然有多个部门、研究机构和高校对流域的水旱灾害进行研究和分析，但多集中于旱涝灾害研究，在洪涝特征及演变方面缺乏系统性、多学科的研究，还未掌握这些现象发生的关键原因和规律。另外，随着 19 项治淮骨干工程的完成和投入运用，淮河流域下垫面、产汇流条件和洪水调蓄功能发生了显著变化。因此，开展淮河流域暴雨成因、洪涝特征、干支流洪水影响、旱涝急转规律研究，为淮河流域的综合治理、防灾减灾提供技术支撑是十分迫切的重要任务。

2009 年以来，淮河水利委员会水文局（信息中心）（简称"淮委水文局"）承担了国家重大水专项、国家重点研发计划、水利部公益性科研专项等多个科研任务，采用产学研相结合的模式，联合高校、科研院所等单位，重点在淮河水资源配置与管理、淮河流域洪涝演变规律、中小河流洪水预警预测预报、洪水多元协同调控、多维扰动下洪水预报关键技术等方面进行了深入研究和分析。本书在多个科研成果基础上，归纳分析了淮河流域洪涝特征演变规律，以此成果为主线，编写了本书。

全书共分为 6 章，第 1 章淮河流域概述，从自然地理、水文气象、社会经济、洪涝灾害等方面系统介绍了淮河流域基本情况。第 2 章流域环境演变，采用历史水文、气象长系列资料，分析了当代气候变化、土地利用变化，重点阐述了水利工程与河道演变、水文要素变化和洪涝灾害变化带来的流域环境演变特点。第 3 章流域暴雨气候特征，以多种指标和方法分析入手，深入研究了淮河流域暴雨的统计特征，阐述了暴雨的时空分布特点，给出了淮河流域强降水的典型环流分型，揭示强降水的水汽输送特点。第 4 章洪涝演变特征，利用长序列水文、气象等资料，依据暴雨时空分布，分析洪涝分布及其演变规律、影响因子等，针对不同的下垫面条件，确定引起洪涝的降水临界点，分析了流域旱涝急转、暴雨的时空分布对洪涝分布组合以及洪涝演变的影响。第 5 章下垫面变化与产汇流演变，利用经验水文模型分析了代表性水文站的产汇流演变规律。以典型区为研究对象，利用水文模型开展土地利用变化对洪水影响的研究，全面阐述了土地利用变化对水文过程的影响。第 6 章结论与建议，基于课题研究，系统总结并给出了研究结论，并就如何有效减少淮河流域洪涝灾害损失提出了应对措施。为便于说明，书中部分插图标出了经纬度，该经纬度只作为大致研究位置参考，不用作具体数值分析。

全书由钱名开、程兴无、陈红雨、赵梦杰、胡友兵主持编写。主要参加编写的人员为：

第 1 章　胡友兵　王井腾　杜久芳　陈邦慧

第 2 章　陈红雨　赵梦杰　梁树献　王　凯　冯志刚　程兴无

第 3 章　冯志刚　程兴无　梁树献　徐　胜

第 4 章　钱名开　陈红雨　胡友兵　王德智　蒋尚明　徐　敏
　　　　　徐　胜

第 5 章　赵梦杰　徐时进　王　凯　王井腾

第 6 章　钱名开　程兴无　赵梦杰　王　凯

本书系统地研究了淮河流域产生暴雨的天气气候背景和环流分型，以及暴雨的时空分布特点；旱涝急转及其对洪涝的影响；洪涝分布和演变规律及其影响因子；变化环境下的产汇流分布和演变规律。可作为水利、水文、气象等部门的专业人员的技术指导书，也可以供相关专业的高校师生和研究机构人员参考。

淮委水文局领导高度重视本书的编写工作，在各方面给予了大力支持。感谢淮委水文局、安徽省·淮河水利委员会水利科学研究院、中水淮河规划设计研究有限公司、安徽省气象局气候中心对本书编写工作的支持和帮助。

由于作者水平有限，书中难免有不妥之处，敬请读者批评指正。

作者

2021 年 1 月

第 1 章

淮 河 流 域 概 述

1.1　自然地理

1.1.1　地理位置

淮河流域位于东经 111°55′～121°25′、北纬 30°55′～36°36′，东西长约 700km，南北宽约 400km，流域面积 27 万 km²。淮河流域地跨湖北、河南、安徽、江苏和山东五省。流域东临黄海，西部以伏牛山、桐柏山为界，北边以黄河南堤和沂蒙山区与黄河流域、山东半岛接壤，南边以大别山、皖山余脉、通扬运河及如泰运河南堤与长江流域毗邻。

12 世纪之前，淮河为一直接入海的河流，1194—1855 年黄河夺淮造成淮河河道发生重大变化。黄河北迁后留下的废黄河把淮河流域分为淮河和沂沭泗河两大水系，两个水系的面积分别为 19 万 km² 和 8 万 km²。淮河水系主要处于河南、安徽、江苏三省，包括淮河上中游干支流及洪泽湖以下的入江水道和里下河地区。沂沭泗河水系是沂河、沭河、泗河三条水系的总称，主要处于江苏、山东两省。淮河水系与沂沭泗河水系之间现有京杭大运河、分淮入沂水道及徐洪河连通。

1.1.2　地形与地貌

淮河流域地形总体为由西北往东南倾斜，除西部、南部及东北部为山丘区外，其余均为平原、湖泊和洼地，其平原区为我国黄淮海平原的一个组成部分。流域的山区面积为 3.82 万 km²，占流域总面积的 14%；丘陵面积为 4.81 万 km²，占流域总面积的 18%；平原面积 14.77 万 km²，占流域总面积的 55%；

湖泊洼地面积为 3.6 万 km²，占流域总面积的 13％。其中：淮河水系的山区面积占水系总面积的 17％、丘陵面积占水系总面积的 17.5％、平原面积占水系总面积的 58.4％、湖洼面积占水系总面积的 7.1％；沂沭泗河水系的山丘区面积占水系总面积的 31％、平原面积占水系总面积的 67％、湖泊面积占水系总面积的 2％。

淮河流域西部的伏牛山、桐柏山一般高程为 200～300m，沙颍河上游的尧山（石人山）为全流域最高峰，高程为 2153m；南部大别山一般高程为 300～500m，最高峰白马尖高程 1774m。东北部沂蒙山区高程一般为 200～500m，最高峰龟蒙顶高程 1155m。丘陵区主要分布在山区的延伸部分，西部高程一般为 100～200m，南部高程一般为 50～100m，东北部一般为 100m 左右。淮北平原地面自西北向东南倾斜，高程一般为 15～50m；淮河下游平原高程一般为 2～5m；南四湖湖西黄泛平原一般高程为 30～50m。

淮河流域地貌类型众多，层次明显。在地域分布上，流域的东北部为鲁中南断块山地，中部为黄淮冲积、湖积、海积平原，西部和南部是山地和丘陵。平原与山丘之间为洪积平原、冲（洪）积平原和冲积扇。

1.1.3　土壤与植被

淮河流域土壤的分布和种类比较复杂。西部的伏牛山区主要为棕壤和褐土，丘陵区主要为褐土，土层厚，质地疏松，易受侵蚀冲刷。南部的山区主要为黄棕壤，其次为棕壤和水稻土，丘陵区主要为水稻土，其次为黄棕壤。北部的沂蒙山区多为粗骨性褐土和粗骨性棕壤，土层薄，水土流失严重。淮北平原的北部主要为黄潮土，质地疏松。淮北平原的中、南部主要为砂礓黑土，其次为黄潮土、棕潮土等。淮河下游平原水网区为水稻土。东部的滨海平原多为滨海盐土。在以上各类土壤中，以潮土分布最广，约占全流域面积的 1/3，其次为砂礓黑土、水稻土。

由于受气候、地形、土壤等因素的影响，淮河流域的植被具有明显的过渡性特点。流域北部的植被属暖温带落叶阔叶林与针叶松林混交；中部低山丘陵区属亚热带落叶阔叶林与常绿阔叶林混交；南部山区主要为常绿阔叶林、落叶阔叶林与针叶松林混交，并夹有竹林。据统计，桐柏山、大别山区的森林覆盖率为30％，伏牛山区为 21％，沂蒙山区为 12％。

1.1.4　河流水系

1. 淮河水系

淮河干流发源于河南南部桐柏山，自西向东流经湖北、河南、安徽，入江苏境内洪泽湖。洪泽湖南面有入江水道，经三江营入长江，东面有灌溉总渠、二河及从二河新开辟的入海水道入黄海。淮河干流全长约为 1000km，其中在河南、安徽交界处的王家坝（洪河口）以上为上游，河长 360km，河道平均比降为 0.5‰；王家坝（洪河口）至洪泽湖中渡站为中游，河长 490km，河道平均比降为 0.03‰；洪泽湖中渡站以下为下游，河长 150km，河道平均比降为 0.04‰。王家坝站和洪泽湖中渡站以上控制面积分别为 3 万 km² 和 16 万 km²；中渡以下（包括洪泽湖以东里下河地区）面积约 3 万 km²。洪泽湖位于淮河中游末端，承接淮河上中游来水，是连接淮河下游的平原湖泊，也是全流域的最大湖泊，为全国五大淡水湖之一。

　　淮河水系支流众多，流域面积大于 1000km² 的一级支流有 21 条，超过 2000km² 的河流有 16 条；超过 10000km² 的有洪汝河、沙颍河、涡河和怀洪新河 4 条，其中沙颍河流域面积接近 40000km²，河长 557km，为淮河最大支流。

　　淮河右岸的支流主要有浉河、潢河、史灌河、淠河、池河等。淮河左岸的支流主要有洪汝河、沙颍河、涡河、怀洪新河、新汴河等。

　　淮河右岸诸支流目前基本上保持 20 世纪 50 年代的状况，而淮河左岸支流及洪泽湖以下的水道变化较大。在 20 世纪 50 年代开挖洪河分洪道、灌溉总渠和淮沭新河后，从 20 世纪 70 年代起又开挖了茨淮新河、怀洪新河、入海水道。其中涡河口以下淮河左岸的支流经过历年整治，形成当前的怀洪新河、新汴河、奎濉河、徐洪河 4 个主要水系。

　　2. 沂沭泗河水系

　　沂沭泗河水系位于淮河流域东北部，由沂河、沭河和泗河组成，均发源于沂蒙山区。沂河发源于鲁山南麓，往南注入骆马湖，再经新沂河入海；沭河发源于沂山，与沂河平行南下，至大官庄后分为两支，南支老沭河汇入新沂河后入海，东支新沭河经石梁河水库后由临洪口入海；泗河发源于沂蒙山区太平顶西麓，流入南四湖汇湖东、湖西各支流后，由韩庄运河、中运河入骆马湖，再经新沂河入海。沂沭泗河水系集水面积大于 1000km² 的一级支流有 15 条，滨海独流入海主要河流有朱稽河、青口河、绣针河、傅疃河、灌河、柴米河、盐河等 14 条。

　　由南阳湖、独山湖、昭阳湖和微山湖相连而成的南四湖是沂沭泗河水系最大湖泊，集水面积约 3.12 万 km²。南四湖中部建的二级坝枢纽，将南四湖分为上级湖和下级湖。骆马湖承接南四湖和沂河来水外，同时又汇集邳苍地区的区间来水。新沂河为人工开挖的河道，沂、沭、泗河的洪水除部分通过新沭河入海外，其余都经新沂河入海。在 20 世纪 50 年代，沂河在临沂以下开挖了分沂入沭水道，在分沂入沭口以下，开辟了邳苍分洪道并建江风口分洪闸，沭河在大官庄附近往东开挖了新沭河，从骆马湖往东开挖了入海的新沂河。

　　淮河流域主要干支流特征值见表 1.1。

表 1.1　　　　　　　　　　　淮河流域主要干支流特征

水系	河名	控制站或河段	集水面积/km²	河长/km	河床比降/‰
淮河	淮河	大坡岭	1640	73	3.33
淮河	淮河	长台关	3090	152	1.67
淮河	淮河	息县	10190	250	1.67
淮河	淮河	淮滨	16005	338	1.47
淮河	淮河	王家坝	30630	364	0.35
淮河	淮河	润河集	40360	448	0.35
淮河	淮河	正阳关	88630	529	0.30
淮河	淮河	蚌埠（吴家渡）	121330	651	0.30
淮河	淮河	洪泽湖（中渡）	158160	854	0.30
淮河	入江水道	三江营		146	0.40
淮河	竹竿河	竹竿铺	1639	85	
淮河	竹竿河	竹竿河口	2610	112	
淮河	潢河	潢川	2050	100	8.80
淮河	潢河	潢河口	2400	134	
淮河	洪汝河	班台	11280	240	0.60～1.00
淮河	洪汝河	洪河口	12390	326	
淮河	白露河	北庙集	1710	110	3.3
淮河	白露河	白露河口	2200	136	
淮河	史灌河	蒋家集	5930	172	2.15
淮河	史灌河	史灌河口	6880	211	21.0
淮河	淠河	横排头	4370	118	28.60
淮河	淠河	淠河口	6450	248	14.60
淮河	沙颍河	漯河	12150	230	2.0
淮河	沙颍河	周口	25800	317	1.67
淮河	沙颍河	阜阳	35250	490	
淮河	沙颍河	颍河口	36900	618	
淮河	茨淮新河	入淮河口	5977	134	
淮河	涡河	蒙城	15475	302	
淮河	涡河	涡河口	15890	382	
淮河	池河	明光	3470	123.5	1.70
淮河	池河	池河口	5021	182	2.30
淮河	怀洪新河	双沟	12024	121	

水系	河名	控制站或河段	集水面积/km²	河长/km	河床比降/‰
淮河	新汴河	团结闸	6562	228	0.91
淮河	新汴河	河口	6640	244	
沂沭泗河	沂河	临沂	10315	228	5.60
沂沭泗河	沂河	刘家道口	10438	237	5.60
沂沭泗河	邳苍分洪道	滩上	2643	75	1.00
沂沭泗河	新沂河	沭阳		43	0.83
沂沭泗河	新沂河	河口	72100	146	
沂沭泗河	沭河	大官庄	4529	206	4.00
沂沭泗河	沭河	新安	5500	263	2.00
沂沭泗河	新沭河	大兴镇	458	20	2.40
沂沭泗河	分沂入沭	大官庄	256	20	
沂沭泗河	梁济运河	后营	3225	79	0.23
沂沭泗河	洙赵新河	入湖口	4206	141	0.20～2.10
沂沭泗河	万福河	大周	1283	77	
沂沭泗河	东鱼河	鱼城	5988	145	0.94
沂沭泗河	泗河	书院	1542	93	5.00
沂沭泗河	泗河	辛闸	2361	159	
沂沭泗河	白马河	九孔桥	1099	57	
沂沭泗河	中运河	运河	38224	68	1.00
沂沭泗河	中运河	宿迁大控制		128	0.67

1.2 水文气象

1.2.1 气候概况

淮河是我国南北方气候的一条自然分界线，淮河以北属暖温带半湿润季风气候区，淮河以南属亚热带湿润季风气候区。淮河流域以其所处的地理位置，自北往南形成了暖温带向北亚热带过渡的气候类型。淮河流域的气候特点是四季分明。受东亚季风影响，春季天气多变，夏季炎热多雨，秋季天高气爽，冬季寒冷干燥。据统计，淮河流域春季开始日为 3 月 26 日左右，夏季开始日为 5 月 26 日前后，秋季开始日为 9 月 15 日前后，冬季开始日为 11 月 11 日前后。

流域的多年平均气温为 14.5℃，最高月份（7 月）多年平均气温为 27℃左右，最低月份（1 月）多年平均气温为 0℃左右。流域的极端最高气温为 44.5℃（1966 年 6 月 20 日河南汝州），极端最低气温为 −24.3℃（1969 年 2 月

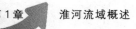

6 日安徽固镇）。

　　流域的相对湿度较大，多年平均值为 66%～81%。相对湿度的地域分布是南大北小、东大西小；时间的分布是夏季、秋季、春季、冬季依次减小，夏季的相对湿度一般超过 80%，冬季的相对湿度约为 65%。

　　流域的无霜期为 200～240d，年日照时数为 1990～2650h。

1.2.2　降水、径流和水资源

　　淮河流域多年平均年降水量为 895mm（1953—2012 年系列），其中淮河水系为 936mm、沂沭泗河水系为 795mm。降水量的地区分布为南部大北部小、山区大平原小、沿海大内地小。南部大别山区的年平均降水量达 1400～1500mm，而北部黄河沿岸仅为 600～700mm。降水量的年际变化很大，如 2003 年全流域平均年降水量为 1282mm，而 1966 年仅为 578mm。地区的年降水量变差系数 C_v 为 0.25～0.30，总趋势是自南往北增大，平原大于山区。降水量的年内分布不均，淮河上游和淮南山区，雨季集中在 5—9 月，其他地区集中在 6—9 月。6—9 月为淮河流域的汛期，多年平均汛期降水量占全年的 63%。

　　淮河流域的多年年平均径流深约为 221mm，其中淮河水系为 238mm、沂沭泗河水系为 143mm。大别山区的年径流深可达 1100mm，而淮北北部、南四湖湖西地区则不到 100mm。径流的年际变化很大，如 1954 年、1956 年淮河干流各站的来水量为多年均值的 2～2.5 倍，而 1966 年仅为多年均值的 10%～20%。沂沭泗河水系的沂河，1957 年、1963 年来水量为多年均值的 2.5 倍，而 1968 年骆马湖的入湖水量仅为多年均值的 22%。在地区分布上，年径流量的变差系数 C_v 为 0.30～1.0。径流的年内分配不均，淮河干流各站汛期实测径流量占全年的 60% 左右，沂沭泗河水系各站约占全年的 70%～80%。

　　淮河流域平均年水面蒸发量为 1060mm，在沿黄和沂蒙山南坡水面蒸发量可达 1100～1200mm，而在大别山、桐柏山区仅为 800～900mm。淮河流域平均年陆面蒸发量为 640mm，总趋势是南小北大，地区的变化范围为 500～800mm。

　　根据 1953—2000 年系列计算成果，淮河流域水资源总量为 794 亿 m^3（其中淮河水系 583 亿 m^3，沂沭泗河水系 211 亿 m^3）。引江（长江）、引黄（黄河）是淮河流域弥补水资源不足的重要途径。据资料统计，1956—2000 年江苏省淮河流域片平均年引江水量为 41.8 亿 m^3（1978 年达 113.2 亿 m^3），1980—2000 年河南、山东省淮河流域片平均年引黄水量为 21 亿 m^3。

1.2.3　暴雨与洪水

1. 暴雨

淮河流域的暴雨集中在 6—9 月，其中 6 月暴雨主要在淮南山区；7 月暴雨全流域出现的机遇大体相等；8月西部伏牛山区、东北部沂蒙山区暴雨相对增多，同时也是受台风影响最多的月份；9月流域各地暴雨减少。淮河流域产生暴雨的天气系统主要是切变线、低涡、低空急流和台风。西南低涡沿着切变线不断东移，常常是造成淮河流域连续暴雨的主要原因。西太平洋副热带高压（以下简称副高）对淮河流域汛期的降水影响很大，一般6月中旬至7月上旬副高第一次北跳，雨区从南岭附近移至淮河和长江中下游地区，江淮地区进入梅雨季节。由切变线、低空急流等天气系统可造成连续不断的暴雨，如1954年。淮河的梅雨期一般为25d，长的可达一个半月。梅雨期结束后，随着副高的第二次北跳，淮河流域受副高或大陆高压控制，持续性暴雨减少。但由于大气环流的变化，副高短期的进退，使得淮河流域也经常发生较大范围的暴雨。这类暴雨造成的洪水历时、范围不及梅雨期洪水，但其出现的频次多于梅雨期。台风对淮河流域的影响每年都有，时间多在8月，台风暴雨多在东部沿海和淮南山区，伸入流域内地的台风较少。

　　淮河上游山区、大别山区、伏牛山区以及沂蒙山区常为淮河流域的暴雨中心区，东部沿海因常受台风影响，暴雨机会较多，其他地区在一定的天气形势下也出现有强度大的暴雨。淮河流域各时段最大点雨量资料见表1.2。

　　根据淮河流域历年较大范围暴雨的资料统计，1d暴雨超过100mm、200mm、300mm的最大笼罩面积分别为51040km^2（2004年7月）、15480km^2（2004年7月）和5980km^2（1975年8月）；3d暴雨超过200mm、400mm和600mm的最大笼罩面积分别为44170km^2（1956年6月）、12800km^2（1975年8月）和7360km^2（1975年8月）；7d暴雨超过100mm、200mm和300mm的最大笼罩面积分别为194820km^2（1956年6月）、111270km^2（1954年7月）和38030km^2（1956年6月）。

　　2.洪水

　　淮河洪水除沿海风暴潮外，主要为暴雨洪水。

　　（1）淮河水系洪水。淮河洪水主要来自淮河干流上游、淮南山区及伏牛山区。淮干上游山丘区，干支流河道比降大，洪水汇集快，洪峰尖瘦。洪水进入淮河中游后，干流河道比降变缓，沿河又有众多的湖泊、洼地，经调蓄后洪水过程明显变缓。中游左岸诸支流中，只有少数支流上游为山丘区，多数为平原河道，河床泄量小，洪水下泄缓慢。中游右岸诸支流均为山丘区河流，河道短、比降大，洪峰尖瘦。故淮河干流中游的洪峰流量与上游和右岸支流的来水关系很大。由于左岸诸支流集水面积明显大于右岸，因此左岸诸支流的来水对淮河干流中游的洪量影响较大。淮河下游洪泽湖中渡以下，往往由于洪泽湖下泄量大，加上区间来水而出现持续高水位状态；里下河地区则常因当地暴雨而造成洪涝。

表 1.2　淮河流域各时段最大点雨量资料

单位：mm

1h

河系	站名	雨量	出现时间
洪汝河	老君	189.5	1975 年 8 月
东加河	卞庄	163.9	1993 年 8 月
沂河	前城子	155.0	1963 年 7 月
沙颍河	郭林	130.0	1975 月 8 年
南四湖	滕县	124.2	1974 年 8 月

3h

河系	站名	雨量	出现时间
洪汝河	林庄	494.6	1975 年 8 月
沙颍河	郭林	390.0	1975 年 8 月
沂河	前城子	310.0	1963 年 7 月
洪汝河	象河关	236.1	1972 年 7 月
洪泽湖	王集	221.4	1970 年 8 月

6h

河系	站名	雨量	出现时间
洪汝河	林庄	830.1	1975 年 8 月
沙颍河	郭林	720.0	1975 年 8 月
灌河	响水口	388.5	2000 年 8 月
沙颍河	豹子沟	387.3	1967 年 7 月
沙颍河	排路	356.6	1982 年 7 月

12h

河系	站名	雨量	出现时间
洪汝河	林庄	954.4	1975 年 8 月
沙颍河	郭林	780.0	1975 年 8 月
沙颍河	排路	571.6	1982 年 7 月
洪汝河	桃花店	536.9	1972 年 7 月
灌河	响水口	591.0	2000 年 8 月

24h

河系	站名	雨量	出现时间
洪汝河	林庄	1060.3	1975 年 8 月
沙颍河	郭林	1050.0	1975 年 8 月
灌河	响水口	825.0	2000 年 8 月
里下河	大丰闸	672.6	1965 年 8 月
沙颍河	排路	655.2	1982 年 7 月

1d

河系	站名	雨量	出现时间
洪汝河	林庄	1005.4	1975 年 8 月
沙颍河	郭林	999.0	1975 年 9 月
沙颍河	排路	630.0	1982 年 7 月
灌河	响水口	563.1	2000 年 8 月
老灌河	刘圩	553.6	1974 年 8 月

3d

河系	站名	雨量	出现时间
洪汝河	林庄	1605.3	1975 年 8 月
沙颍河	郭林	1517.0	1975 年 9 月
里下河	大丰闸	917.3	1965 年 8 月
灌河	响水口	877.4	2000 年 8 月
沙颍河	排路	812.2	1982 年 7 月

7d

河系	站名	雨量	出现时间
洪汝河	林庄	1631.1	1975 年 8 月
沙颍河	郭林	1517.0	1975 年 9 月
灌河	响水口	1046.3	2000 年 8 月
里下河	大丰闸	933.2	1982 年 7 月
沙颍河	排路	907.7	1982 年 7 月

淮河大面积的洪水往往是由于梅雨期长、大范围连续暴雨所造成，如1931年、1954年、1991年、2003年和2007年洪水，其特点是干支流洪水遭遇，淮河上游及中游右岸各支流连续出现多次洪峰，左岸支流洪水又持续汇入干流，以致干流出现历时长达一个月以上的洪水过程，淮河沿线长期处于高水位状态，淮北平原、里下河地区出现大片洪涝。上中游洪水虽有洪泽湖调蓄，但对下游平原地区仍有严重威胁。如1931年洪水，里运河堤防溃决，淮河下游里下河地区沦为泽国。

淮河出现局部范围暴雨洪水的次数也较多，上中游山丘区的洪水对淮河中游干流也会造成大的洪水，但对下游的影响往往不大，如1968年、1969年、1975年洪水等。平原地区的暴雨对淮河干流影响不大，但会造成涝灾。

发源于大别山区的史灌河、淠河是淮河右岸的主要支流，洪水过程尖瘦，对淮河干流洪峰影响很大。如1969年淮河洪水，正阳关水位25.85m、相应的鲁台子流量达6940m³/s，主要就是由这两条支流7月的一次暴雨洪水所造成。淮河左岸诸支流洪水流经平原地区，汇入干流时的洪水过程平缓，加上河道下泄能力小，汇入淮河干流的洪峰流量不大，但洪水量对淮河干流有较大影响。

（2）沂沭泗河水系洪水。从洪水组成上说，沂沭泗河水系洪水可分沂沭河洪水、南四湖（包括泗河）洪水和邳苍地区（即运河水系）洪水三部分。

沂河、沭河发源于沂蒙山，上中游均为山丘区，河道比降大，暴雨出现机会多，是沂沭泗洪水的主要源地。沂河、沭河洪水汇集快，洪峰尖瘦，一次洪水过程仅为2~3d，如集水面积10315km²的沂河临沂站，在上游暴雨后不到半天，就可出现10000m³/s以上的洪峰流量。

南四湖承纳湖西诸支流和湖东泗河等来水，湖东诸支流多为山溪性河流，河短流急，洪水随涨随落；湖西诸支流流经黄泛平原，泄水能力低，洪水过程平缓。由于南四湖出口泄量所限，大洪水时往往湖区周围洪涝并发。南四湖出口至骆马湖之间邳苍地区的北部为山区，洪水涨落快，是沂沭泗河水系洪水的重要来源。

骆马湖汇集沂河、南四湖及邳苍地区51400km²来水，是沂沭泗洪水重要的调蓄湖泊。新沂河为平原人工河道，比降较缓，沿途又承接沭河等部分来水，因而洪水峰高量大，过程较长。20世纪50年代以来，沂沭泗河水系各河同时发生大水的有1957年，先后出现大水的有1963年，沂沭河、邳苍地区出现大水的有1974年。与淮河水系洪水相比，沂沭泗河水系洪水出现的时间稍迟，洪水量小、历时短，但来势迅猛。

淮河干流中游各站最大30d、60d、120d洪量的C_v值都在0.90左右；沂沭泗河水系沂河、沭河主要控制站临沂、大官庄洪峰流量的变差系数C_v值为0.85~0.95，最大7d、15d、30d洪量的C_v值为0.80~0.85；南四湖、骆马湖最大7d、15d、30d洪量的C_v值为0.70~0.80。

淮河流域干支流主要水文控制站的水文特征值见表1.3。

表 1.3　淮河流域干支流主要水文控制站的水文特征值

水系	河名	站名	集水面积 /km²	多年平均流量 /(m³/s)	历史最高水位 水位/m	历史最高水位 出现时间	历史最大流量 流量/(m³/s)	历史最大流量 出现时间	保证（设计）值 水位/m	保证（设计）值 流量/(m³/s)	备　注
淮河水系	淮河	长台关	3090	35.8	75.38	1968 年 7 月	7570	1968 年 7 月	72.50	1900	
	淮河	息县	10190	120	45.29	1968 年 7 月	15000	1968 年 7 月	43.00	6000	
	淮河	淮滨	16005	174	33.29	1968 年 7 月	16600	1968 年 7 月	32.80	7000	
	淮河	王家坝	30630	299	30.35	1968 年 7 月	17600	1968 年 7 月	29.30	7400	
	淮河	润河集	40360	399	27.82	2007 年 7 月	8300	1954 年 7 月	27.70	9400	
	淮河	正阳关	88630		26.80	2003 年 7 月			左 26.50 右 26.00	10000	
	淮河	鲁台子	88630	691	26.49	2003 年 7 月	12700	1954 年 7 月	左 26.10	10000	
	淮河	蚌埠（吴家渡）	121330	864	22.18	1954 年 7 月	11600	1954 年 8 月	22.60	13000	
	洪泽湖	蒋坝	158160		16.25	1931 年 7 月			16.00		
	入江水道	洪泽湖（中渡）	158160	636	13.28	1954 年 8 月	10700	1954 年 8 月		12000	
	入江水道	金湖			11.98	2003 年 7 月			12.20	12000	
	灌溉总渠	高邮			9.52	2003 年 8 月			9.50	12000	
	二河	高良涧闸		230	11.90	1969 年 10 月	1020	1975 年 7 月		800	
	竹竿河	二河闸		208	13.80	1965 年 8 月	3250	2003 年 8 月		3000	
	潢河	竹竿铺	1639	25.4	48.31	1996 年 7 月	3260	1968 年 7 月	47.20	2200	最大流量为原南李店站
	洪汝河	潢川	2050	30.4	40.98	1996 年 7 月	3500	1969 年 7 月	39.00	1500	最大流量为调查估算
	白露河	班台	11280	83.4	37.39	1975 年 8 月	6610	1975 年 8 月	35.63	3000	最大流量系决口还原
	史灌河	北庙集	1710		33.72	1983 年 7 月	5900	1969 年 7 月	32.50	1300	
	史河	蒋家集	5930	67.8	33.39	2003 年 7 月	6420	1969 年 8 月	33.24	3580	
	淠河	横排头	4370	43.4	56.04	1969 年 7 月	3950	1975 年 8 月	56.06		
	沙颍河	潾河	12150	71.7	62.90	1975 年 8 月	3450	1975 年 8 月	61.70	3000	
	沙颍河	周口	25800	103	50.15	1957 年 8 月	3310	1965 年 7 月	49.83	3250	
	沙颍河	阜阳闸	35250	149	32.52	1975 年 8 月			32.52	3760	

续表

水系	河名	站名	集水面积/km²	多年平均流量/(m³/s)	历史最高水位 水位/m	历史最高水位 出现时间	历史最大流量 流量/(m³/s)	历史最大流量 出现时间	保证（设计）值 水位/m	保证（设计）值 流量/(m³/s)	备注
淮河水系	涡河	蒙城闸	15475	46.0	27.10	1963年8月	2080	1963年8月	27.40	2400	
	池河	明光	3470	51.1	18.31	1991年7月	2610	1954年7月	18.06	2610	
	怀洪新河	双沟	12024	82.1	15.99	2003年7月	3160	2003年7月			
	新汴河	宿县闸（新）	6467	10.2	28.62	1982年7月	1450	1982年7月	16.20		
	潍河	泗洪（新）	2991	16.2	17.08	2003年7月	801	2006年7月			
	老濉河	泗洪（老）	635	2.54	16.73	2003年8月	277	2003年8月			
沂沭泗水系	沂河	临沂	10315	67.2	65.65	1957年7月	15400	1957年7月	66.56	16000	历史最大流量为华沂站
	分沂入沭	彭道口闸			60.48	1957年7月	3180	1957年7月	60.5	4000	
	邳苍分洪道	江风口闸			58.56	1957年7月	3380	1957年7月	57.66	3000	
	沭河	堪上	10522	44.1	35.59	1974年8月	7800	1960年8月	36.85	8000	
	新沭河	新沭河闸		20.3	56.51	1962年8月	4250	1974年8月	55.67	6000	
	沭河	人民胜利堰闸	4529	13.0	54.32	1974年8月	2140	1962年7月	55.86	2500	
	沭河	新安		16.8	30.94	1950年8月	3320	1974年8月	30.01	2500	
	南四湖	南阳			36.48	1957年8月			36.50		
	南四湖	二级湖闸	27439	49.8			2110	1978年7月			
	南四湖	微山	31500		36.28				36.00		
	韩庄运河	韩庄闸	31500	31.4	36.23	1957年8月	1800	1998年8月	35.79	4000	历史最高水位为韩庄（微）站
	中运河	运河	38600	109	26.42	1974年8月	3790	1974年8月	26.50	5500	
	骆马湖	洋河滩闸		87.2	25.47	1974年8月			25.00		也称"杨河滩闸"
	新沂河	嶂山闸	51200	57.7	22.98	1974年8月	5760	1974年8月			
	中运河	皂河闸			25.46	1974年8月	1240	1974年8月			
	新沂河	沭阳			10.76	1974年8月	6900	1974年8月	11.20	7000	
	中运河	宿迁闸		66.3	24.88	1974年8月	1040	1974年8月			

1.3　社会经济

1.3.1　行政区划与人口

根据 2015 年统计资料，淮河流域包括湖北、河南、安徽、江苏、山东五省 40 个地级市，156 个县（市、区），总人口 1.85 亿人，约占全国总人口的 13%；其中城镇人口 7208 万人，占全国城镇人口约 9%，城镇化率 38.9%。流域平均人口密度为 694 人/km²，是全国平均人口密度的 4.8 倍。

1.3.2　工农业（产业）

淮河流域是我国重要的粮、棉、油生产基地和商品粮基地。流域现有耕地 1352 万 hm²，约为全国的 10%。淮河流域农作物主要有小麦、水稻、玉米、薯类、大豆、棉花、花生和油菜。淮河以北除沿淮及滨湖洼地种有部分水稻外，其余耕地基本为小麦、棉花、玉米等旱作物；淮河以南及淮河下游水网地区以水稻、小麦（油菜）两熟为主。2015 年全流域粮食产量 11162 万 t，约占全国总产量的 18%。

淮河流域的工业主要有食品、轻纺、煤炭、化工、建材、电力、机械制造等门类。煤炭工业是淮河流域工业的重要组成部分，徐州、枣庄、淮南、淮北、平顶山等采煤基地在全国煤炭工业中占有重要地位。2015 年流域内生产总值 70555 亿元，其中河南、安徽、江苏、山东分别占 27%、12%、31% 和 30%。流域内人均生产总值 38095 元，低于全国人均数值，尚属经济欠发达地区。

1.3.3　交通运输

淮河流域交通发达。京沪、京九、京广三条铁路大动脉从流域东、中、西部通过，著名的欧亚大陆桥—陇海铁路及晋煤南运的主要铁路干线新（乡）石（臼）铁路横贯流域北部。流域内还有合（肥）蚌（埠）、新（沂）长（兴）、宁西等铁路。流域内公路四通八达，近些年高速公路建设发展迅速，除穿越本流域的京（北京）九（九龙）、京（北京）沪（上海）、连（连云港）霍（霍尔果斯）、大（大庆）广（广州）高速公路干线外，还有众多的支线。连云港、日照等大型出海港口可直达全国沿海港口，并通往海外。内河水运南北向有年货运量居全国第二的京杭运河，东西向有淮河干流；平原各支流及下游水网区水运也很发达。

1.4　洪涝灾害

淮河流域洪涝灾害是淮河流域发生次数最为频繁、影响面较为广泛的主要灾害，流域洪涝灾害频繁发生，给人民生命财产、资源环境造成了巨大的损失。根据古文献记载，在远古传说中的尧、舜、禹时代，中原大地（含淮河流域大部分地区）就不断有大洪水发生，出现洪涝灾害。黄河长期夺淮，是淮河流域水灾频繁的主要原因。基于淮河历史上受黄河夺淮的影响，将淮河流域的洪涝灾害分为黄河夺淮以前（1194 年前）、黄河夺淮期间（1194—1855 年）、黄河北徙至新中国成立前（1856—1948 年）和新中国成立后（1949 年后）四个时期进行叙述，其中黄河夺淮以前和黄河夺淮期间的洪涝灾害为历史洪涝灾害，黄河北徙至新中国成立前的洪涝灾害为近现代洪涝灾害，新中国成立后的洪涝灾害为当代洪涝灾害。

1.4.1　历史洪涝灾害

根据《淮河综述志》统计，从公元前 185 年至新中国成立前的 1948 年，淮河流域共发生较大的洪涝灾害 428 次。其中，发生洪涝灾害频次较高的时候主要在黄河夺淮期间。

在黄河夺淮以前，从公元前 185 年至 1194 年的 1379 年中，淮河流域共发生较大水灾 112 次（其中黄河决溢灾害 14 次，淮河流域本身洪水灾害 98 次），平均 12.3 年发生 1 次较大水灾；除去黄河决溢带来水灾外，淮河流域本身较大洪水灾害平均 14 年发生 1 次。

黄河夺淮时期，从 1194 年至 1855 年的 661 年中，淮河流域共发生较大洪水灾害 268 次（其中黄河决溢灾害 149 次，淮河流域本身洪水灾害 119 次），平均 2.5 年发生 1 次较大洪水灾害，除去黄河决溢带来水灾外，淮河流域本身较大洪水灾害平均 5.6 年发生 1 次。

黄河北徙至新中国成立前，从 1855 年至 1948 年的 93 年中，淮河流域共发生较大洪涝灾害 47 次，平均 1.9 年发生一次较大洪涝灾害。

根据历史地理学家陈桥驿著《淮河流域》一书统计，从公元前 246 年至 1948 年共 2194 年的时段内，淮河流域共有 979 次水涝灾害（含一般、较大等洪涝灾害），平均 2.24 年有 1 次水灾发生，即年均水灾频率为 0.446 次。

1.4.2　当代洪涝灾害

1949 年新中国成立后，大规模治淮运动取得了伟大的成就，但由于人们认识水平以及经济发展条件等因素制约，加上复杂的气候因素，淮河流域仍发生了多次较为严重的洪涝灾害，但灾情较 1949 年以前显著偏轻。20 世纪 90 年代以来全球气候变化导致了我国夏季降水格局发生变化，主要多雨带向北推进，淮河流域旱涝交替更为频繁。1949—2010 年的 62 年间，分别于 1950 年、1954 年、1956 年、1957 年、1963 年、1964 年、1965 年、1968 年、1969 年、1974 年、

1975 年、1982 年、1983 年、1984 年、1991 年、2003 年、2005 年和 2007 年出现了 18 次流域性或局地性大洪水。

　　1949—2010 年的 62 年中,淮河流域遭受洪涝灾害成灾面积在 2000 万亩以上的年份有 31 年,占统计年数的 50%;年平均成灾面积在 3000 万亩、4000 万亩和 5000 万亩以上的年份分别为 15 年、11 年和 7 年,分别占统计年数的 24.2%、17.7% 和 11.3%;年成灾面积超过 6000 万亩的年份分别为 1954 年、1956 年、1963 年、1991 年和 2003 年,平均 14 年出现 1 次。

第 2 章

流 域 环 境 演 变

2.1 当代气候变化

淮河流域位于我国东部，介于长江和黄河两大流域之间，地处中纬度、南北气候和沿海向内陆三种过渡带的重叠地区。淮河是我国南北方气候的一条自然分界线，流域处在亚热带湿润季风区至南温带半湿润半干旱季风区的过渡带。淮河流域特定的地理位置、特殊的气候条件和地形地貌形态决定了流域的旱涝灾害多发频发。主要气候特征如下：

（1）季风主导，四季分明。冬季盛行偏北风，天气寒冷、雨雪较少；春季是冬夏过渡季节，风向多变，气温变化大，强对流天气增多；夏季天气炎热，降水充沛，雨热同季；秋季则是夏冬过渡季节，天高气爽，干燥少雨。

（2）汛期降水强度大，暴雨洪涝灾害重。淮河流域洪涝主要由汛期梅雨降水、台风降水引起。梅雨型暴雨 7 月上旬集中，特点是范围广、雨量大、历时长，易造成流域性大洪涝；台风型暴雨以 8 月居多，其特点是范围小、强度大、历时短，易造成局地洪涝。

（3）旱涝急转，旱涝并存。受季风雨带由南向北推进影响，淮河流域"旱涝急转"通常出现在 6 月中下旬，与梅雨起始日期基本相同或略偏晚，其主要特征是前期春季异常少雨，而梅雨期内暴雨过程频繁，导致旱、涝迅速转换，较一般的旱涝交替变化更加剧烈，常伴随旱涝并存、旱涝交织。旱涝急转高发区位于淮河干流和里下河地区。

利用淮河流域 170 个气象站 1951—2010 年共 60 年逐日降水量和平均气温资料，先计算出流域逐年降水量和逐年平均气温以及春季（3—5 月）、夏季（6—8月）、秋季（9—11 月）和冬季（上一年 12 月至当年 2 月）4 个季节降水量和季平均气温。书中采用的气候平均值为1951—2010年共60年资料计算所得。采用经验正交函数分解（EOF）来分析流域降水和气温的时空分布特征。

2.1.1 气温变化

2.1.1.1 气温年代际变化

淮河流域1951—2010年气温变化如图2.1所示。图2.1显示淮河流域多年平均气温为14.6℃，20世纪60—80年代，年平均气温大多在平均值以下，90年代开始，气温持续上升，进入21世纪的10年来气温升高趋势最为明显，2001—2010年的平均温度为15.2℃，比1951—1960年的14.1℃上升了1.1℃。淮河流域年平均最低气温为1956年的13.3℃，次低气温为1957年、1969年的13.4℃，最高气温为2007年的15.7℃。

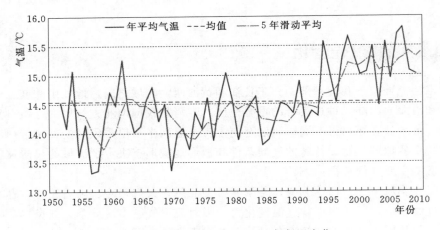

图2.1 淮河流域1951—2010年气温变化

表2.1为淮河流域1951—2010年不同年代各季的气温统计，由表2.1看出，淮河流域四季平均气温有不同程度的上升趋势，但各季节增温幅度有所不同。2001—2010年春季气温平均温度为15.7℃，比20世纪50年代的13.8℃升高了1.9℃。夏季（6—8月）气温并无明显增暖趋势，气温最高的夏季则出现在1953年（27.3℃）、1959年（27.5℃）和1967年（27.5℃）。2001—2010年夏季平均气温为26.1℃，比20世纪50年代的26.0℃仅提高了0.1℃。2001—2010年秋季的平均气温为16.1℃，比20世纪50年代的15.2℃增加了0.9℃，其增暖趋势高于夏季小于春季。冬季气温的增幅最为明显，2001—2010年的冬季气温为2.9℃，比1951—1960年的冬季气温1.4℃上升了1.5℃，上升幅度大。自1990年以来，除2004年冬季气温1.6℃比常年均值偏低外，其他年份均高于均值，且冬季平均气温高于3℃的年份均出现在近10年，最高年份为1998年的4.4℃，

次最大值为 2006 年冬季的 4.1℃。

表 2.1 淮河流域 1951—2010 年不同年代各季气温统计   单位:℃

时间	1951—1960 年	1961—1970 年	1971—1980 年	1981—1990 年	1991—2000 年	2001—2010 年
春季	13.8	14.1	14.3	14.2	14.8	15.7
夏季	26	26.3	25.8	25.6	26.1	26.1
秋季	15.2	15.3	15.3	15.4	15.8	16.1
冬季	1.4	1.3	1.8	1.7	2.9	2.9
全年	14.1	14.3	14.3	14.3	14.9	15.2

2.1.1.2 气温时空分布

对淮河流域 170 个气象站 50 年各季和年平均气温标准化变量进行经验正交函数分解（EOF）。表 2.2 是淮河流域 1960—2009 年共 50 年的四季和年平均气温标准化变量前 4 个特征向量的解释方差和累计解释方差。由表 2.2 可知，各季和全年平均气温第 1 个特征向量的解释方差都超过 79%，收敛极快，第 1 个特征向量就可以表征气温的主要空间分布特征。因此下面仅分析各季和全年平均气温的第 1 个特征向量及对应的时间系数系列。

表 2.2 淮河流域 1960—2009 年共 50 年的四季和年平均气温标准化变量
前 4 个特征向量的解释方差和累计解释方差   %

时间		春季	夏季	秋季	冬季	全年
特征向量	1	87.4	79.8	84.4	89.0	86.2
	2	4.2	7.6	6.1	5.1	4.4
	3	2.5	4.2	2.0	1.4	1.9
	4	1.0	1.5	1.5	0.8	1.4
累计解释方差		95.1	93.2	94.0	96.3	93.8

图 2.2 是淮河流域四季和全年平均气温标准化变量的第 1 个特征向量特征值空间分布。如图 2.2 所示，不论是年平均气温还是四季平均气温，第 1 个特征向量在全流域表现为一致的分布特征，说明全区年平均气温和四季平均气温变化趋势是一致的，即全区气温一致偏高或偏低。值得一提的是，年平均气温和夏季平均气温的第 1 个特征向量的特征值在全流域均为正值如图 2.2（a）和（c）所示，而其他三个季节平均气温为负值，如图 2.2（b）、（d）和（e）所示，这是因为年平均气温中夏季占的比重最高。

图 2.3 是淮河流域四季和全年平均气温的第 1 个特征向量相对应的时间系数序列。全年平均气温所对应的时间系数系列在 60 年来有明显的上升趋势［图 2.3（a）］，因第 1 个特征向量特征值在全区为正值，说明近 60 年淮河流域年平

17

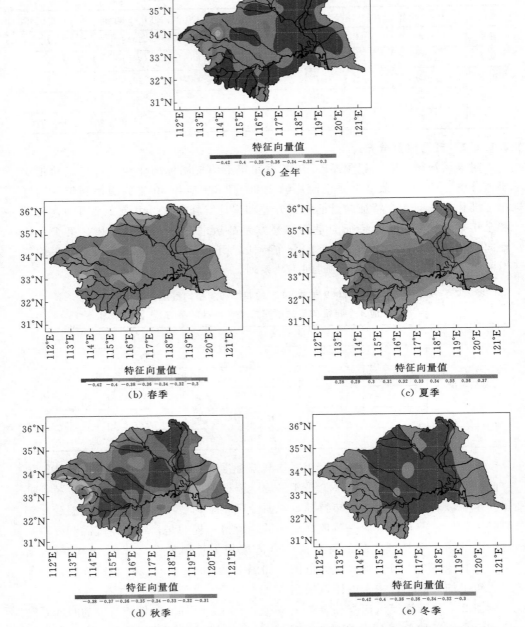

图 2.2　淮河流域四季和全年平均气温标准化变量的第 1 个特征向量特征值空间分布

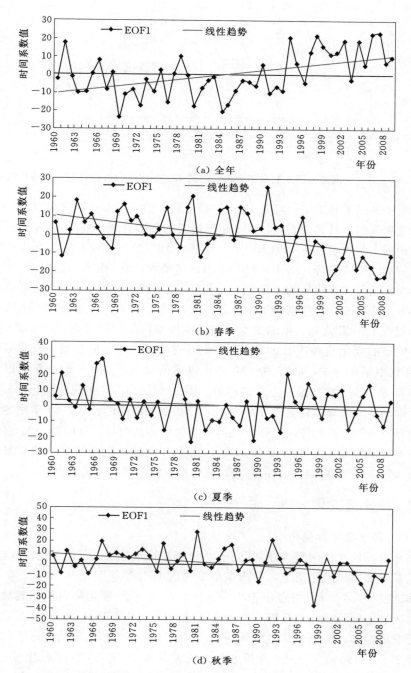

图 2.3（一）　淮河流域四季和全年平均气温的第 1 个特征向量相对应的时间系数序列

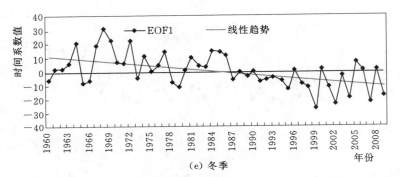

图 2.3（二） 淮河流域四季和全年平均气温的第 1 个特征向量相对应的时间系数序列

均气温有明显的上升趋势，且在 1994 年有个明显的突变，在此之前气温以偏低为主，而之后气温上升尤为明显，目前处于偏暖的气候背景，此外 60 年来气温偏高最明显的前 4 年均出现在 1994 年之后。春季平均气温所对应的时间系数系列在 60 年来有明显的下降趋势 ［图 2.3（b）］，因该向量特征值为负值，表明 60 年来淮河流域春季平均气温有明显的上升趋势。与年平均气温相似，1994 年之后春季平均气温上升尤为明显，目前也处于偏暖的背景，同样 60 年来气温偏高最明显的前 6 年均出现在 1994 年之后。虽然夏季平均气温所对应的时间系数系列在 20 世纪 60 年没有明显的变化趋势 ［图 2.3（c）］，但具有明显的年代际变化，夏季平均气温在 60 年代以偏高为主，而在 70—80 年代以偏低为主，1994—2002 年又以偏高为主。60 年来秋季平均气温有上升的趋势 ［图 2.3（d）］，且年代际变化明显，1994 年之后偏高尤为明显，特别是 1998 年，是 60 年来最高的一年。60 年来冬季平均气温也有明显的上升趋势，1987 年之后冬季气温偏高明显，目前处于偏高的背景，60 年来冬季偏高最明显的几年均出现在 1987 年之后。由上可见，除了夏季，春季、秋季和冬季气温都有上升的趋势，其中春季和冬季上升尤为明显。

2.1.2 降水量变化

2.1.2.1 降水量年际变化

淮河流域处在中国东部季风区内，而中国东部季风区又受到东亚季风的影响，在东亚夏季风的作用下，中国东部季风区的雨带每年 3—9 月有一个由南往北的推进过程，4—5 月雨带位于华南地区，6—7 月雨带北移到长江流域，6—8 月降水区域主要位于江淮流域，8—9 月雨带推进到华北地区。

受季风影响，流域降水量年际变化剧烈。丰水年与枯水年的流域平均降水量之比为 2.1。单站最大与最小年降水量之比大多为 2～5，少数在 6 以上。最大与最小年降水量的极差大多为 600～1500mm，极差最大的为吴店站，1954 年降水量 2993.8mm，1978 年仅 808.4mm，极差高达 2185.4mm。

淮河流域位于长江流域向华北的过渡地带，南部是江淮梅雨的北缘，北部及沂沭泗地区是华北雨带的南缘，导致淮河的雨季特别长。受雨带由南向北推进的影响，淮河流域降水的空间差异显著，在同一时期流域不同地方可表现为不同的降水异常特征。因此，有必要对整个淮河流域分片来考虑，以汛期降水 EOF 分析结果为依据，将其分为北（78 站）、南（70 站）两个区域。

首先分析北、南两区四季降水序列的年际变化特征。图 2.4 给出了淮河流域南北两区全年、春、夏、秋、冬季降水距平百分率的年际变化序列。如图 2.4 所示，秋、冬季南北区差异特征最为明显，年、春、夏季较为一致。从 5 年滑动平均曲线来看，春季降水年际波动大，无明显线性趋势；夏季降水增多趋势明显；秋季北区年际波动大，南区降水的减少趋势较北区明显；冬季 20 世纪 90 年代之前南区偏少趋势较北区明显，之后偏多偏少的态势呈现波动状态。

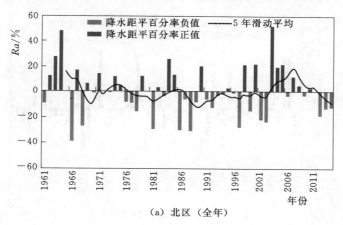

(a) 北区（全年）

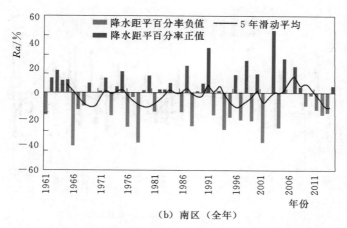

(b) 南区（全年）

图 2.4（一） 淮河流域北区和南区全年、春季、夏季、秋季、冬季降水距平
百分率的年际变化序列

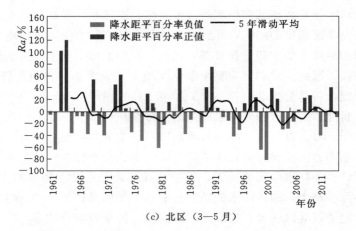

(c) 北区（3—5 月）

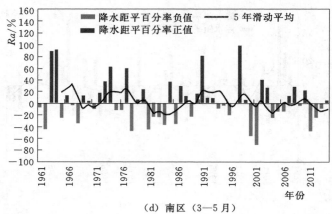

(d) 南区（3—5 月）

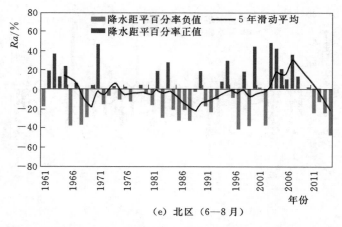

(e) 北区（6—8 月）

图 2.4（二）　淮河流域北区和南区全年、春季、夏季、秋季、冬季降水距平
百分率的年际变化序列

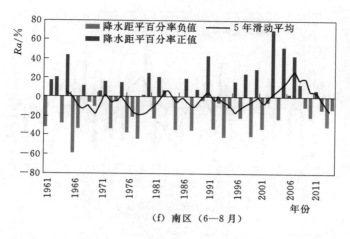

（f）南区（6—8月）

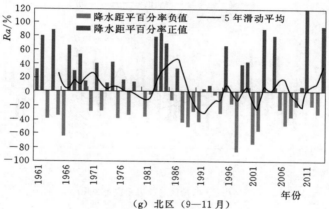

（g）北区（9—11月）

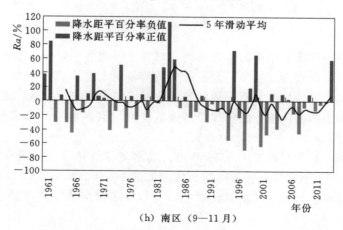

（h）南区（9—11月）

图2.4（三）　淮河流域北区和南区全年、春季、夏季、秋季、冬季降水距平
百分率的年际变化序列

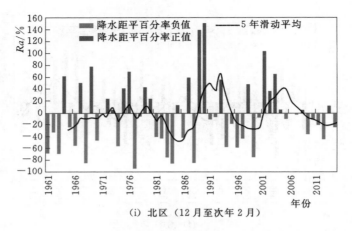

(i) 北区 （12 月至次年 2 月）

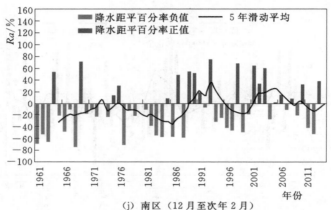

(j) 南区 （12 月至次年 2 月）

图 2.4（四）　淮河流域北区和南区全年、春季、夏季、秋季、冬季降水距平
百分率的年际变化序列

　　为了考察四季降水序列的显著周期，对其进行功率谱分析。考虑到除秋、冬季外，南北降水异常特征变化不大，故分析周期时对整个流域平均的序列展开。图 2.5 给出了淮河流域春、夏、秋、冬四季平均降水量的功率谱，蓝色实线为降水量序列的功率谱估计值，红色虚线是置信度为 95% 的红噪声标准谱。由图 2.5 可以清楚地看出：

　　（1）春季。在周期长度为 5.33 年处，功率谱估计值为一峰值且大大超过标准谱，所以 5.33 年是第一显著周期。其次，在 6.4 年、4.57 年、3.56 年和 4 年处，功率谱估计值也超过标准谱。因此，可以确定淮河流域春季降水存在 4～6 年左右的显著周期振荡。

　　（2）夏季。在周期长度为 4 年、8 年、10.67 年和 2.46 处，功率谱估计值超过标准谱。因此，可以确定淮河流域夏季降水存在 2～4 年、8 年和 11 年左右

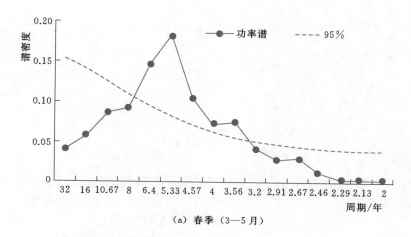

（a）春季（3—5月）

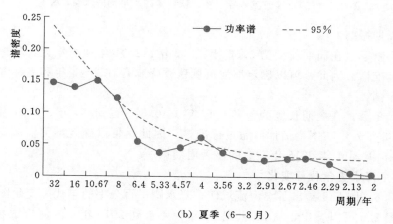

（b）夏季（6—8月）

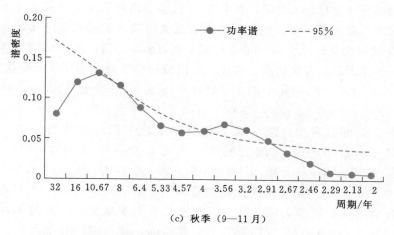

（c）秋季（9—11月）

图 2.5（一）　淮河流域春、夏、秋、冬四季平均降水量功率谱

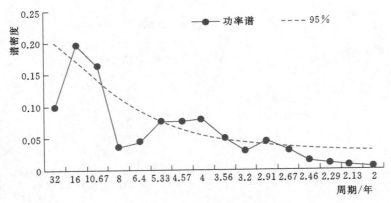

(d) 冬季（12月至次年2月）

图 2.5（二）　淮河流域春、夏、秋、冬四季平均降水量功率谱

的显著周期振荡。

（3）秋季。在周期长度为 3.56 年、3.2 年、2.91 年和 8 年处，功率谱估计值超过标准谱。因此，可以确定淮河流域秋季降水存在 2～3 年和 8 年左右的显著周期振荡。

（4）冬季。在周期长度为 4 年、16 年、10.67 年、4.57 年、2.91 年、3.56 年和 5.33 年处，功率谱估计值超过标准谱。因此，可以确定淮河流域冬季降水存在 3～5 年、11 年和 16 年左右的显著周期振荡。

2.1.2.2　降水量年代际变化

图 2.6～图 2.9 给出了淮河流域四季降水距平百分率的年代际变化图。

由图 2.6 可以看出，从 20 世纪 60 年代一直到 2010 年，淮河流域春季降水在年代间的分布存在较大差异，其中 60 年代整个淮河流域处于多雨背景；70 年代春季降水仍以多雨为主，但淮河流域淮北北部到沂沭泗水系北部地区出现少雨；80 年代转为全流域少雨；90 年代属于相对多雨时段；而 2000 年以来，淮河流域处于少雨时段，春旱居多。因此，淮河流域春季降水的年代际变化特征为：多雨（1960—1969 年）—北少南多（1970—1979 年）—少雨（1980—1989 年）—多雨（1990—1999 年）—少雨（2000—2009 年）—少雨（2010—2014 年）。

由图 2.7 可以看出，淮河流域夏季降水的年代际变化特征为：东多西少（1960—1969 年）—沂沭泗流域多淮河水系少（1970—1979 年）—北少南多（1980—1989 年）—少雨（1990—1999 年）—多雨（2000—2009 年）—少雨（2010—2014 年）。由于淮河流域的暴雨主要集中在 6—9 月，容易在夏季形成局地或全流域性洪涝灾害，其中，淮河水系夏季爆发大洪水的年份主要有 1963 年、1968 年、1969 年、1975 年、1982 年、1983 年、1987 年、1991 年、2003 年、

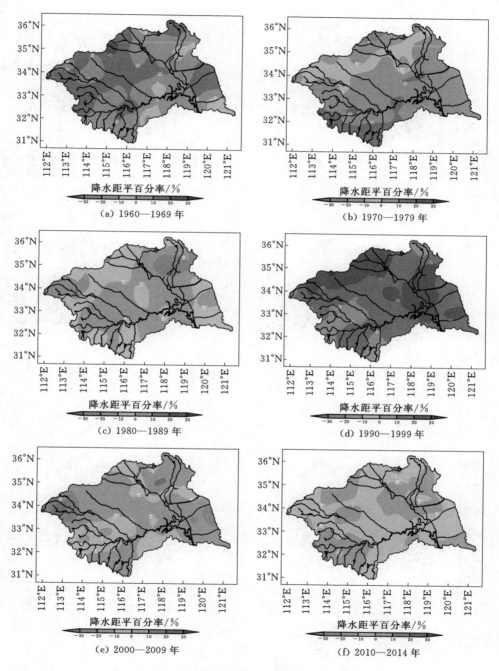

(a) 1960—1969 年

(b) 1970—1979 年

(c) 1980—1989 年

(d) 1990—1999 年

(e) 2000—2009 年

(f) 2010—2014 年

图 2.6　淮河流域春季降水距平百分率的年代际变化

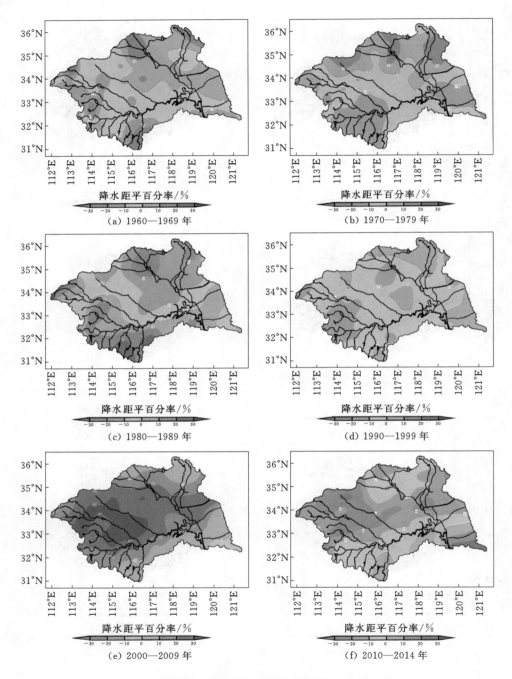

图 2.7　淮河流域夏季降水距平百分率的年代际变化

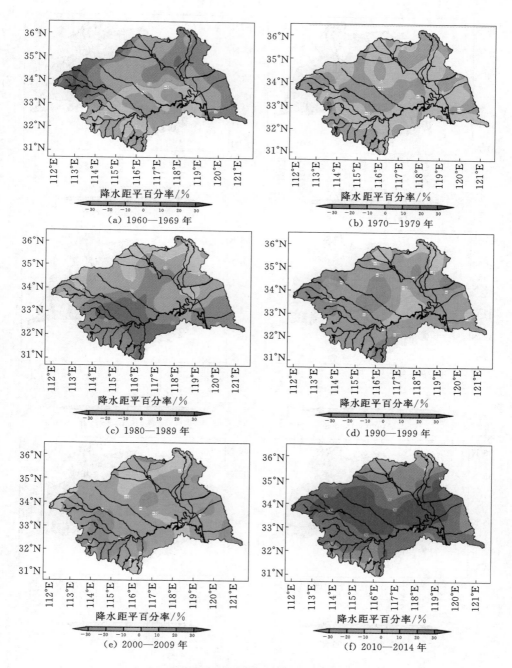

图 2.8　淮河流域秋季降水距平百分率的年代际变化

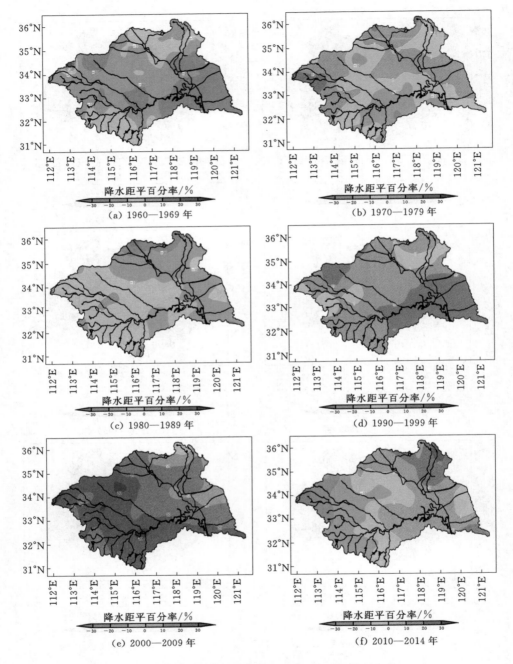

图 2.9　淮河流域冬季降水距平百分率的年代际变化

2007 年，沂沭泗河水系水灾年份主要有 1963 年和 1974 年。

由图 2.8 可以看出，淮河流域秋季降水的年代际变化特征为：多雨为主、安徽省沿淮地区少雨（1960—1969 年）—东、西多中间少（1970—1979 年）—多雨（1980—1989 年）—少雨（1990—1999 年）—少雨（2000—2009 年）—多雨（2010—2014 年）。秋季除了 1990—1999 年和 2000—2009 年少雨外，总体以多雨为主，主要秋旱年出现在 1991 年、1992 年、1994 年和 1999—2001 年。

由图 2.9 可以看出，淮河流域冬季降水的年代际变化特征为：少雨为主、沂沭泗流域东北部多雨（1960—1969 年）—少雨为主、沂沭泗流域大部多雨（1970—1979 年）—少雨（1980—1989 年）—东南、西北多中间少（1990—1999 年）—多雨（2000—2009 年）—东多西少（2010—2014 年）。冬季除了 2000—2009 年，总体以少雨为主，和秋季降水年代际特征形成强烈反差。

综上所述，从 20 世纪 60 年代到 2010 年以来，每个年代之间淮河流域春季和夏季降水趋势以多雨和少雨交替出现，秋季总体以多雨为主（除 1990—1999 年和 2000—2009 年），冬季总体以少雨为主（除 2000—2009 年）。

2.1.2.3 降水量时空分布变化特征

利用淮河流域 148 个气象站 1961—2014 年共 54 年逐日降水量资料，计算分析淮河流域四季和 1—12 月各月降水距平百分率。采用函数 EOF 来分析流域降水的时空分布特征。

对淮河流域四季和各月降水距平百分率进行 EOF 分解，表 2.3 是淮河流域 1—12 月降水量前 3 个特征向量的解释方差和累积解释方差。由表 2.3 可见，各月总体情况可以用前 3 个特征向量表征各月降水的主要空间分布特征。

表 2.3　　　淮河流域 1—12 月降水量前 3 个特征向量的解释方差和累计解释方差 ％

时间		1 月	2 月	3 月	4 月	5 月	6 月	7 月	8 月	9 月	10 月	11 月	12 月
特征向量	1	77.7	70.6	73.8	68.2	59.6	49.6	27.4	34.0	49.8	68.9	73.8	76.7
	2	10.4	11.7	9.2	9.4	8.6	12.0	20.2	11.6	14.6	9.8	11.1	8.8
	3	3.5	4.7	5.4	4.1	4.7	5.8	10.3	10.7	8.5	5.1	5.6	5.2
累计解释方差		91.6	87.1	88.4	81.7	72.9	67.3	58.0	56.3	72.9	83.8	90.5	90.7

由于各月降水的前 3 个特征向量分布特征基本一致，以夏季为例展开描述[图 2.10（a）（b）和（c）]。第 1 个特征向量的特征值在全流域均为正值，呈现纬向分布特征，大值区位于流域上游和干流中部地区，说明全流域夏季降水变化趋势是一致的（称为全区一致型），即全区多雨或全区少雨。第 2 个特征向量的特征值为北正南负，0 线横贯流域中部，表明流域夏季降水为南北相反的空间分布（称为南北反向型），具体表现为北部少雨南部多雨或北部多雨南部少雨；同

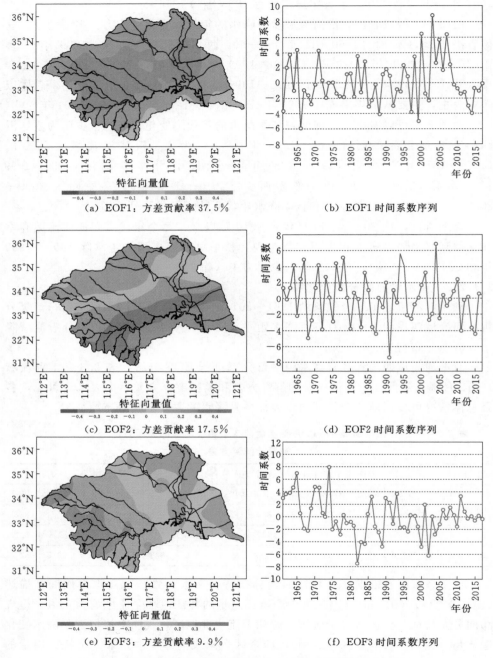

（a）EOF1：方差贡献率 37.5%

（b）EOF1 时间系数序列

（c）EOF2：方差贡献率 17.5%

（d）EOF2 时间系数序列

（e）EOF3：方差贡献率 9.9%

（f）EOF3 时间系数序列

图 2.10　淮河流域夏季降水量的前 3 个特征向量特征值空间分布
及其对应的时间系数序列

时可以看出南部的大值区位于干流和下游以南地区，说明该地区容易出现旱或涝。第3个特征向量的特征值为东负西正，表明流域夏季降水为东西相反的空间分布（称为东西反向型），即东部多雨西部少雨或东部少雨西部多雨。

图 2.10 （d）、（e）和（f）是夏季降水前 3 个特征向量所对应的时间系数序列。第 1 个特征向量所对应的时间系数序列在近 54 年来有上升的趋势，因为该向量特征值在全流域均为正值，说明全流域夏季降水有上升的趋势，且具有明显的年代际变化，2000 年以来降水处于偏多的背景，出现 2000 年、2003 年、2005年和 2007 年四次流域大水，基本上是隔年出现，这是 1960 年以来所独有的，但自 2009 年以来流域降水呈现减少趋势。第 2 个特征向量对应的时间系数序列在近 54 年来没有明显的变化趋势，但年际差异大，如 1968 年和 1991 年流域夏季降水呈北少南多的分布，而 1994 年和 2004 年呈北多南少的分布特征。第 3 个特征向量对应的时间系数序列在近 54 年来略有上升的变化趋势，且年际差异大，如 1974 年流域夏季降水出现东多西少的分布，而 1968 年为东少西多的分布。从3 个特征向量的时间系数序列来看，第 1 个特征向量的时间系数年际变化幅度最大，第 3 个特征向量的变化幅度最小，这跟各自特征向量的解释方差贡献有关。

2.2　土地利用变化

2.2.1　土地利用空间演变

淮河流域内各土地利用类型在数量组成及空间构成上存在显著分异特征。在5 个典型年土地利用中，从数量上（表 2.4 和图 2.11），主要以耕地（旱地和水田）与居工地（居民及城乡建设用地）为主，其面积之和所占比例均达到 82%以上。林地、草地和水域分布地面积相对较少，对应百分比依次为 7.6%、5.2%和 4.4%左右，整体植被覆盖度相对较低；裸地，即未利用土地面积极少，占比均在 0.2%及以下。

表 2.4　　　　　　　淮河流域 1980—2005 年土地利用面积变化　　　　　　%

名称	比例				
	1980 年	1990 年	1995 年	2000 年	2005 年
水田	14.52	14.42	14.94	14.29	14.22
旱地	56.14	56.03	54.94	55.48	54.96
林地	7.50	7.49	7.91	7.51	7.50
草地	5.35	5.39	5.15	5.15	5.10
水域	4.49	4.12	4.27	4.41	4.52

名称	比例				
	1980 年	1990 年	1995 年	2000 年	2005 年
居工地	11.74	12.22	12.63	13.02	13.58
裸地	0.06	0.06	0.01	0.06	0.06
其他	0.20	0.26	0.15	0.08	0.07

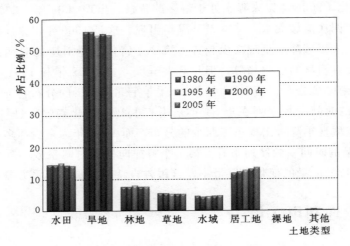

图 2.11　淮河流域 1980—2005 年土地利用面积变化

　　从空间上（图 2.12～图 2.16），各土地利用类型同样呈现出明显的地带性分布。淮河流域内耕地分为旱地与水田两大类，大致以淮河为分界线，淮河以北是旱地，淮河以南为水田；另外，在山东省、江苏省和安徽省的交界处有一定面积的水田分布。草地主要分布在淮河流域东北部（山东境内）地区，而林地则相对集中分布在流域东南边界处。居工地相对均匀散布在整个流域内，呈增加趋势，且相对流域内部地区，沿海地区居工地的密度较大。水域分布相对集中于东南地区。

2.2.2　土地利用时间演变

　　淮河流域 1980—2005 年土地利用面积变化如图 2.11 所示，从年变化上（图 2.11），25 年（1980—2005 年）淮河流域土地利用类型整体上的变化为：水域和居工地面积增加，其中水域约增加约 97km²，居工地增加约 6077km²；水田、旱地、林地、草地及裸地减少，耕地减少约 4907km²，草地减少 808km²，增加与减少的土地利用面积基本上保持一致。

　　1980—2000 年，居工地增加—林地增加—水田减少—旱地减少—草地减少—

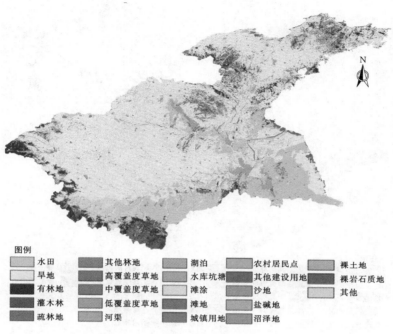

图例

水田	其他林地	湖泊	农村居民点	裸土地
旱地	高覆盖度草地	水库坑塘	其他建设用地	裸岩石质地
有林地	中覆盖度草地	滩涂	沙地	其他
灌木林	低覆盖度草地	滩地	盐碱地	
疏林地	河渠	城镇用地	沼泽地	

图 2.12　1980 年淮河流域土地利用

（注：分类标准为中国科学院土地利用覆盖分类体系，下同）

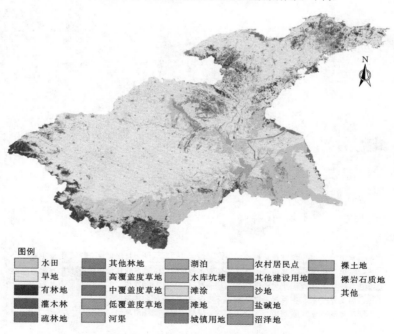

图例

水田	其他林地	湖泊	农村居民点	裸土地
旱地	高覆盖度草地	水库坑塘	其他建设用地	裸岩石质地
有林地	中覆盖度草地	滩涂	沙地	其他
灌木林	低覆盖度草地	滩地	盐碱地	
疏林地	河渠	城镇用地	沼泽地	

图 2.13　1990 年淮河流域土地利用

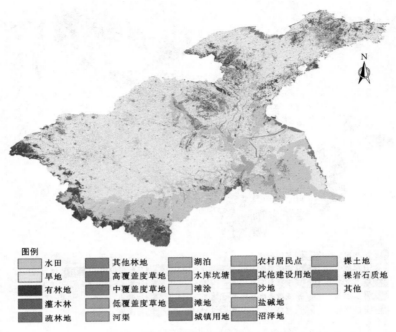

图 2.14　1995 年淮河流域土地利用

图 2.15　2000 年淮河流域土地利用

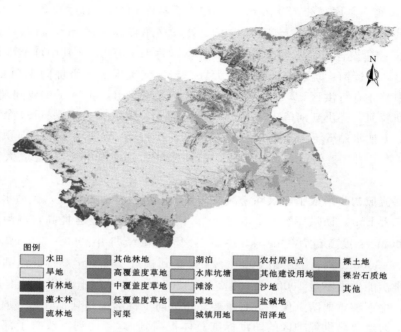

图例

▢ 水田		▢ 其他林地		▢ 湖泊		▢ 农村居民点		▢ 裸土地	
▢ 旱地		▢ 高覆盖度草地		▢ 水库坑塘		▢ 其他建设用地		▢ 裸岩石质地	
▢ 有林地		▢ 中覆盖度草地		▢ 滩涂		▢ 沙地		▢ 其他	
▢ 灌木林		▢ 低覆盖度草地		▢ 滩地		▢ 盐碱地			
▢ 疏林地		▢ 河渠		▢ 城镇用地		▢ 沼泽地			

图 2.16　2005 年淮河流域土地利用

水域减少—居工地减少—裸地减少—其他用地减少，且居工地、草地和其他用地变幅较大。2000—2005 年，各土地利用类型变动起伏显著，变化趋势为：居工地增加—水域增加—林地增加—草地减少—居工地减少—裸地减少，且水田和居工地变幅较大。

2.3 水利工程与河道演变

2.3.1 流域水利工程变化

2.3.1.1 水利工程基本情况

淮河从 1950 年进入全面治理的历史阶段，其间连续不断，几经高潮，成果显著，效益巨大，淮河流域面貌发生了根本性变化。70 年来，按照"蓄泄兼筹"的治淮方针，进行了五轮淮河规划：治淮初期规划、1956 年淮河流域规划和1957 年沂沭泗流域规划、1971 年规划、《淮河流域修订规划纲要（1991 年修订）》以及《淮河流域综合规划（2012—2030 年）》。前四轮规划已经实施，第五轮规划经国务院批复后正在实施。

经过 70 年的治理，淮河流域水利工程建设取得了巨大成就。流域内建成水库 5700 多座，总库容约 280 亿 m³，其中大型水库 38 座，总库容 200 亿 m³；建成蓄滞洪区和控制蓄洪的大型湖泊共 16 处，总库容 359 亿 m³，蓄滞洪区库容 263 亿 m³；建设各类堤防约 5 万 km，重要堤防 1.1 万 km，其中淮北大堤、洪泽湖大堤、里运河大堤、南四湖湖西大堤、新沂河大堤等 1 级堤防 1716km；淮河干流中游建有行洪区 17 处；整治了主要干支流河道，扩大了泄洪排涝能力；开挖茨淮新河、怀洪新河等人工河道 2100 多 km，建成各类水闸 6600 余座；建成各类电力抽水站 5.5 万多处，总装机 300 多万 kW；治理水土流失面积 3.9 万 km²；兴建了引江、引黄等调水工程，引江水能力达 1100m³/s；建成大型灌区 81 处。

淮河流域初步形成了防洪除涝减灾体系。上游拦蓄能力增强，大型水库控制面积 2.7 万 km²，防洪库容 67.38 亿 m³。河道泄洪能力显著提高，淮河干流上游从 2000m³/s 提高到 7000m³/s，中游王家坝至洪泽湖由 5000～7000m³/s 提高到 7000～13000m³/s，下游由 8000m³/s 提高到接近 18270m³/s。沂沭泗河水系的入海排涝能力由不足 1000m³/s 提高到 14200m³/s。淮河上游防洪标准达到 10 年一遇，中下游重要防洪保护区和重要城市的防洪标准提高到 100 年一遇；沂沭泗河中下游重要防洪保护区的防洪标准总体提高到 50 年一遇。改善了部分易涝洼地的排涝条件，重要排水河道的排涝标准达到或接近 3 年一遇。

流域已建成由河道堤防、行蓄洪区、水库、分洪河道、防汛调度指挥系统等组成的防洪除涝减灾体系，在行蓄洪区充分运用的情况下，可防御 1949 年新中国成立以来发生的流域性最大洪水，能够满足重要城市和保护区的防洪安全要求。

2.3.1.2　近 20 年来水利工程变化

1. 1991—2010 年

1991 年汛期，淮河流域暴发流域性大洪水，导致淮河流域大片地区受灾，直接经济损失达 340 亿元。1991 年 9 月，国务院召开治淮治太会议，作出了《关于进一步治理淮河和太湖的决定》，针对当时流域防洪工程的突出问题，提出要坚持"蓄泄兼筹"的治淮方针，实施以防洪、除涝为主要内容的治淮 19 项骨干工程。历经 20 年，19 项治淮骨干工程建设任务于 2010 年全面完成。

目前已完成淮河干流上中游河道整治及堤防加固、行蓄洪区安全建设、怀洪新河续建、入江水道巩固、分淮入沂续建、洪泽湖大堤加固、防洪水库（复建板桥水库、石漫滩水库、新建燕山水库、白莲崖水库）、沂沭泗河洪水东调南下、大型病险水库除险加固、入海水道近期、临淮岗洪水控制、汾泉河初步治理、包浍河初步治理、涡河近期治理、奎淮河近期治理、洪汝河近期治理、沙颍河近期治理、湖洼及支流治理和治淮其他等 19 项骨干工程。

2. 2010 年以来

根据《淮河干流正阳关—峡山口段行洪区调整和建设工程可行性研究报告》，该段治理工程主要包括 5 项：寿西湖行洪区调整建设工程（设计流量为 2000m³/s，退洪闸反向进洪流量为 1000m³/s），董峰湖行洪区调整建设工程（设计流量为 2500m³/s，退洪闸反向进洪流量为 1000m³/s），涧沟口至峡山口段河道疏浚工程，靠山圩影响处理工程，上、下六坊堤行洪区调整和建设工程。

根据《淮河干流上中游河道整治及堤防加固工程补充可行性研究报告》《汤渔湖行洪区调整建设工程可行性研究报告》及《淮河干流行蓄洪区调整规划》，该段规划治理工程共 7 项：石姚段行洪堤退建工程、洛河洼行洪区退建工程、汤渔湖行洪区调整工程（设计流量为 2000m³/s）、荆山湖行洪区调整工程、汤渔湖进口至荆山湖进洪闸段河道疏浚工程、程小湾圩废弃工程和黄苏段退堤。

根据《淮河干流蚌埠至浮山段行洪区调整和建设工程可行性研究报告》，该段规划治理工程共 6 项：姚湾段退堤工程、临北段行洪区调整工程、临北进口—临北出口段河道疏浚工程、花园湖行洪区调整工程（设计流量 3500m³/s）、临北出口—香庙段河道疏浚工程、淮河干流香庙至浮山段河道整治及行洪区调整建设工程。

根据《淮河干流蚌埠至浮山段行洪区调整和建设工程可行性研究报告》，该段规划治理工程共两项：香浮段部分堤防退建工程和香庙—浮山段河道疏浚工程。

上述治理工程完成后，一方面，扩大了干流的行洪通道，提高了行洪区使用前河道的滩槽泄量，在中等洪水的条件下，河道滩槽规模可基本满足防洪要求；另一方面，减少了各段行洪区的数量，降低了行洪区的进洪机遇，同时改善了行洪区的运用条件。在设计洪水条件下，调整后仍保留的 5 处行洪区可做到及时、有效地行洪和蓄洪。

2.3.2　主要河道断面变化

1991 年淮河大水后，淮河中游河段进行了大规模治理，沿淮部分行蓄洪区进行了退堤，部分河道进行了切滩等，使得治理后的淮河中游河段两岸堤距平均宽度增加 1.5km，最大宽度达 2.5km；由于河道过水断面的增加，提高了河道行洪能力。王家坝站至鲁台子站河段增加幅度较多，增幅为 5%～25%。2003 年、2007 年与 1991 年淮河干流主要控制站过水面积比较见表 2.5。

2.3.3　主要河道洪水传播时间变化

淮河中游河道治理必然影响到洪水的传播时间。由于洪水波的运动受洪水特性、河道边界条件等诸多因素的影响，故在分析时对 1991 年、1996 年、1998 年、

表 2.5　　　2003 年、2007 年与 1991 年淮河干流主要控制站过水面积比较

站名	水位 /m		相应水位对应的过水断面面积/m²			2003 年较 1991 年增加 /%	2007 年较 1991 年增加 /%	2003 年与 2007 年平均较 1991 年增加/%
			1991 年	2003 年	2007 年			
王家坝	警戒	27.50	2210	2440	2400	10.4	8.6	9.5
	保证	29.30	3830	4040	4000	5.5	4.4	5.0
润河集	警戒	25.30	3610	4090	4470	13.3	23.8	18.6
	保证	27.70	6000	6850	7170	14.2	19.5	16.9
鲁台子	警戒	24.00	4480	5120	5080	14.3	13.4	13.9
	保证	26.50	6170	7740	7710	25.4	25.0	25.2
蚌埠 （吴家渡）	警戒	20.30	5430	6650	6670	22.5	22.8	22.7
	保证	22.60	7160	8400	8430	17.3	17.7	17.5

2000 年、2002 年、2003 年和 2007 年淮河干流洪水传播时间采用平均统计方法分析。从分析结果看，治理后王家坝站—润河集站传播时间为 20～30h；润河集站—鲁台子站传播时间为 20～30h；鲁台子站—淮南站传播时间为 12～24h；淮南站—蚌埠（吴家渡）站传播时间为 12～24h。各河段平均传播时间比河道治理前分别缩短约 11h、11h、16h、8h。淮河干流治理前后河段洪水传播时间见表 2.6。

表 2.6　　　　　　　　淮河干流洪水传播时间　　　　　　　　单位：h

河　段	治理前平均传播时间	治理后传播时间	治理前后缩短传播时间
王家坝站—润河集站	36	20～30	6～16
润河集站—鲁台子站	36	20～30	6～16
鲁台子站—淮南站	34	12～24	10～22
淮南站—蚌埠（吴家渡）站	26	12～24	2～14

2.4　水文要素变化

2.4.1　干支流主要站水位变化

受气候变化、洪水周期变化、河道下切、人类活动等多种因素综合影响，流域干支流主要站不同年代平均水位存在显著变化。表 2.7 为淮河干支流主要站不同年代平均水位统计情况，从表 2.7 可知，淮河干流王家坝站至蚌埠（吴家渡）站多年平均水位为 13.70～21.76m，淮河北部支流班台站、阜阳闸站、蒙城闸站多年平均水位分别为 25.05m、27.79m、24.51m，淮河南部支流蒋家集站、

横排头站多年平均水位分别为 27.05m、51.74m，沂沭泗河水系沂河临沂站多年平均水位为 59.75m。王家坝站、蚌埠（吴家渡）站、班台站、蒋家集站、临沂站 2011—2015 年平均水位较 1951—1960 年分别偏低 0.62m、0.74m、4.12m、1.52m、1.97m，润河集站、正阳关站、阜阳闸站、蒙城闸站、横排头站 2011—2015 年平均水位较 1951—1960 年分别偏高 1.97m、0.06m、1.83m、1.35m、1.27m。

表 2.7　　　　　　　淮河干支流主要站不同年代平均水位统计　　　　单位：m

区域	站名	1951—1960 年	1961—1970 年	1971—1980 年	1981—1990 年	1991—2000 年	2001—2010 年	2011—2015 年	多年平均
淮河干流	王家坝	22.33	22.16	21.90	22.02	21.26	20.91	21.71	21.76
	润河集	19.65	19.12	18.92	19.29	18.89	19.87	21.62	19.62
	正阳关	18.24	18.22	18.03	18.59	18.39	18.54	18.30	18.33
	蚌埠（吴家渡）	13.94	13.72	13.54	14.05	13.57	13.89	13.20	13.70
北部支流	班台	27.24	26.01	25.04	25.03	24.32	24.58	23.12	25.05
	阜阳闸	—	26.88	27.16	26.81	28.29	28.89	28.71	27.79
	蒙城闸	—	23.59	24.70	24.66	24.51	24.68	24.94	24.51
南部支流	蒋家集	27.48	27.52	27.41	27.39	26.99	26.57	25.96	27.05
	横排头	—	51.14	51.36	51.74	51.89	51.94	52.41	51.74
沂河	临沂	60.60	60.58	60.43	60.21	59.65	58.14	58.63	59.75

图 2.17 是淮河干支流主要站不同年代平均水位变化过程，从图 2.17 可以看出，王家坝站、班台站、蒋家集站、临沂站不同年代平均水位呈现逐渐下降的趋势，而润河集站、阜阳闸站、蒙城闸站、横排头站呈现逐渐升高的趋势，正阳关站、蚌埠（吴家渡）站波动变化，变化趋势不明显。由此可见，淮河干流润河集站以上的干支流主要站不同年代平均水位逐渐下降，润河集站至蚌埠（吴家渡）站区间的支流主要站不同年代平均水位逐渐升高，正阳关站、蚌埠（吴家渡）站不同年代平均水位波动变化，沂沭泗河水系沂河临沂站不同年代平均水位逐渐下降。

2.4.2　干支流主要站流量变化

同干支流主要站水位变化一样，受气候变化、洪水周期变化、河道下切、人类活动等多种因素综合影响，流域干支流主要站不同年代平均流量也存在显著变化。表 2.8 为淮河干支流主要站不同年代平均流量统计情况，从表 2.8 可知，淮河干流王家坝站至蚌埠（吴家渡）站多年平均流量为 265～807m³/s，淮河北部支流班台站、阜阳闸站、蒙城闸站多年平均流量分别为 74m³/s、134m³/s、36m³/s，

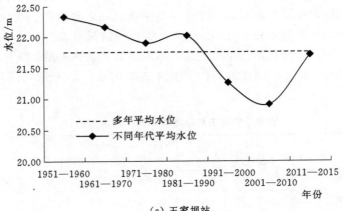

（a）王家坝站

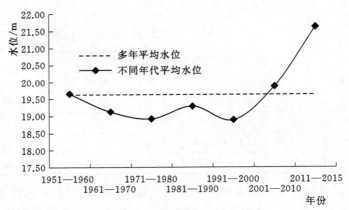

（b）润河集站

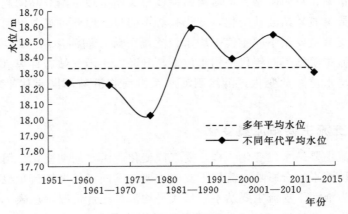

（c）正阳关站

图 2.17（一） 淮河干支流主要站不同年代平均水位变化过程

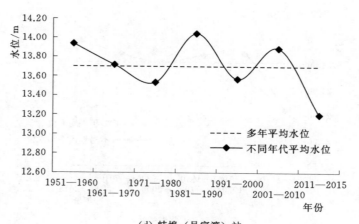

（d）蚌埠（吴家渡）站

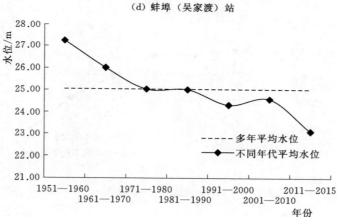

（e）班台站

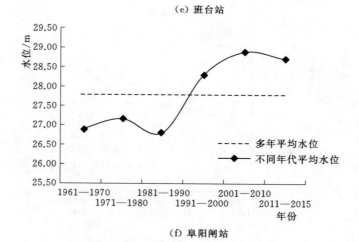

（f）阜阳闸站

图 2.17（二） 淮河干支流主要站不同年代平均水位变化过程

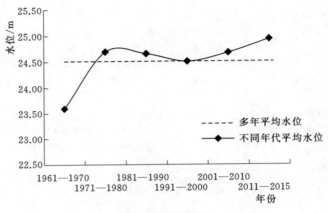

（g）蒙城闸站

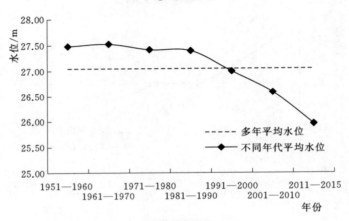

（h）蒋家集站

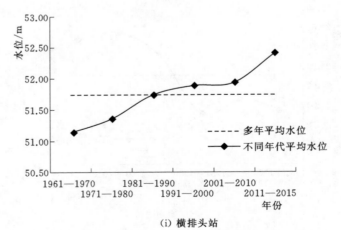

（i）横排头站

图 2.17（三）　淮河干支流主要站不同年代平均水位变化过程

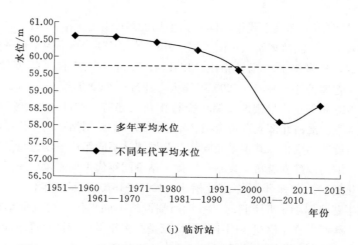

(j) 临沂站

图 2.17（四） 淮河干支流主要站不同年代平均水位变化过程

淮河南部支流蒋家集站、横排头站多年平均流量分别为 $64m^3/s$、$51m^3/s$，沂沭泗河水系沂河临沂站、沭河大官庄枢纽多年平均流量分别为 $64m^3/s$、$33m^3/s$。淮河干支流主要站 2011—2015 年平均流量较 1951—1960 年均偏小，淮河干流王家坝站至蚌埠（吴家渡）站偏小 $185 \sim 519m^3/s$，淮河北部支流偏小 $28 \sim 149m^3/s$，淮河南部支流偏小 $72 \sim 80m^3/s$，沂沭泗河水系沂河、沭河分别偏小 $68m^3/s$、$19m^3/s$。

表 2.8　　　　　　　淮河干支流主要站不同年代平均流量统计　　　　单位：m^3/s

区域	站名	1951—1960 年	1961—1970 年	1971—1980 年	1981—1990 年	1991—2000 年	2001—2010 年	2011—2015 年	多年平均
淮河干流	王家坝	301	260	267	322	258	329	116	265
	润河集	453	381	361	447	341	438	193	373
	正阳关	824	706	580	740	569	737	363	646
	蚌埠（吴家渡）	983	892	748	921	700	944	464	807
北部支流	班台	91	86	75	82	62	95	24	74
	阜阳闸	206	183	122	145	81	146	57	134
	蒙城闸	43	64	46	26	14	46	15	36
南部支流	蒋家集	109	65	54	66	53	63	37	64
	横排头	124	55	27	37	31	42	44	51
沂河	临沂	109	94	60	28	49	64	41	64
沭河	大官庄枢纽	43	41	35	15	27	47	24	33

　　图 2.18 是淮河干支流主要站不同年代平均流量变化过程，从图 2.18 可以看出，淮河干流王家坝站、润河集站、正阳关站、蚌埠（吴家渡）站不同年代平均流量变化过程趋势一致，与多年平均流量相比，1951—1970 年不同年代平均流量普遍偏大，1971—1980 年普遍偏小，1981—1990 年偏大，1991—2000 年偏小，2001—2010 年偏大，2011—2015 年偏小，呈现偏大偏小交替变化的趋势，2011—2015 年正处于平均流量偏小的阶段。淮河北部支流班台站、阜阳闸站、蒙城闸站不同年代平均流量在多年平均流量附近波动变化，其中阜阳闸站、蒙城闸站不同年代平均流量呈现逐渐变小的变化趋势。淮河南部支流蒋家集站、横排头站不同年代平均流量呈现逐渐变小并趋于稳定的变化趋势，与多年平均流量相比，1951—1970 年不同年代平均流量偏大，1971—2015 年普遍偏小。沂沭泗河水系沂河临沂站不同年代平均流量呈现逐渐变小的变化趋势，沭河大官庄枢纽不同年代平均流量在多年平均流量附近波动变化。由此可见，淮河流域不同年代平均流量变化趋势在干支流不同区域存在较大区别，与多年平均流量相比，2011—2015 年正处于平均流量偏小的阶段。

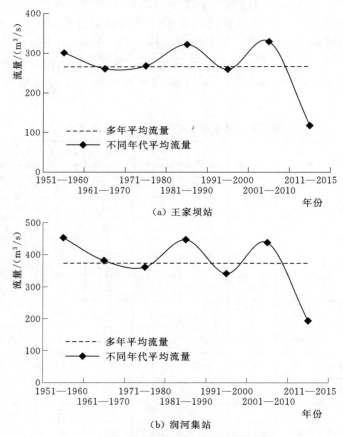

（a）王家坝站

（b）润河集站

图 2.18（一）　淮河干支流主要站不同年代平均流量变化过程

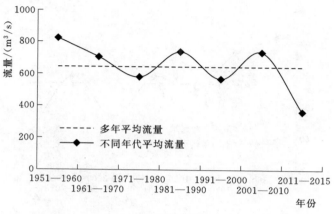

（c）正阳关站

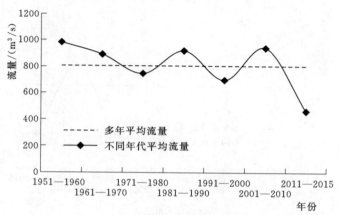

（d）蚌埠（吴家渡）站

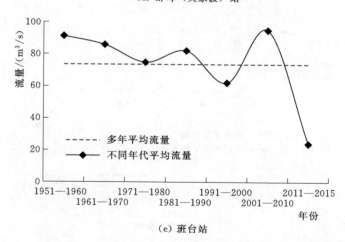

（e）班台站

图 2.18（二） 淮河干支流主要站不同年代平均流量变化过程

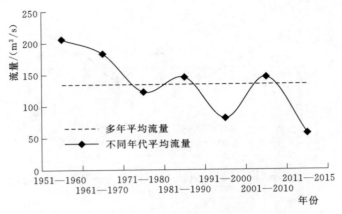

（f）阜阳闸站

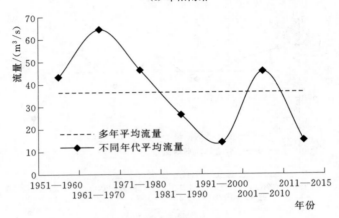

（g）蒙城闸站

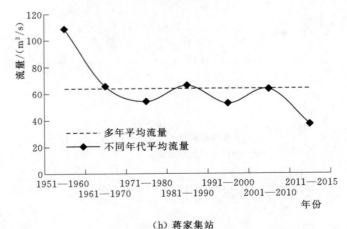

（h）蒋家集站

图 2.18（三）　淮河干支流主要站不同年代平均流量变化过程

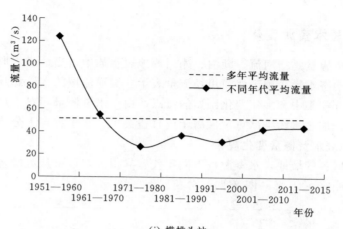

（i）横排头站

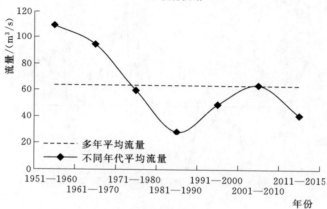

（j）临沂站

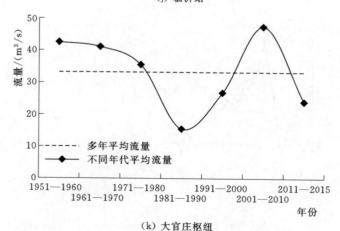

（k）大官庄枢纽

图 2.18（四） 淮河干支流主要站不同年代平均流量变化过程

2.4.3　地表水资源变化

地表水资源量是指河流、湖泊、冰川等地表水体中由当地降水形成的、可以逐年更新的动态水量，用天然河川径流量表示。淮河流域的水资源具有地区分布不均、年内分配集中和多年变化剧烈的特点，由于水资源量相对不足，水土资源分布不协调，加之水污染严重，供需矛盾日益突出，水旱灾害十分严重且频繁。

2.4.3.1　地表水资源量变化规律

淮河流域各区域地表水资源量不同年代差异很大，以下从流域各区域水资源总量差积曲线（图 2.19～图 2.21）分析。

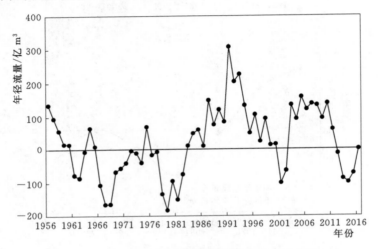

图 2.19　淮河以南区域地表水资源总量差积曲线

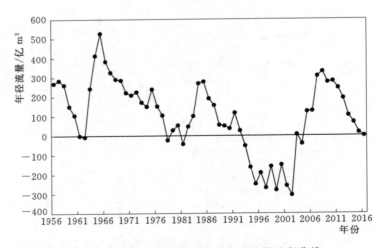

图 2.20　淮河以北区域地表水资源总量差积曲线

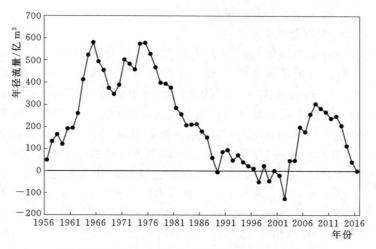

图 2.21 沂沭泗河水系地表水资源总量差积曲线

（1）淮河以南区域。图 2.19 为淮河以南区域地表水资源总量差积曲线，由图 2.19 可以看出 20 世纪 50 年代中期到 70 年代末水量跳跃不定，趋势不明显，80 年代初期到 90 年代初期水量上升，90 年代至 21 世纪初呈减少趋势，进入 21 世纪水量快速上升，之后维持一段平稳期，2010 年后呈减少趋势。

（2）淮河以北区域。图 2.20 为淮河以北区域地表水资源总量差积曲线，由图 2.20 可以看出 20 世纪 50 年代到 60 年代初期水量趋于减少，60 年代初期至 60 年代中期有所上升，60 年代中期至 90 年代水量总体上呈减少趋势，21 世纪初水量呈上升趋势，之后呈减少趋势。

（3）沂沭泗河水系。图 2.21 为沂沭泗河水系地表水资源总量差积曲线，由图 2.21 可以看出沂沭泗河水系径流量变化趋势从 20 世纪 50 年代至 70 年代中期总体上呈上升趋势，其中 1956 年至 1965 年段上升趋势较为明显，从 70 年代中期至 90 年代末水量呈减少趋势，且趋势变化明显，因此 1976 年前为丰水段，1976 年后水量属枯水段，21 世纪前期水量呈上升趋势，后期呈减少趋势。

2.4.3.2 地表水资源分布特征

1. 水资源的地区分布不均

淮河流域多年平均径流深为 230mm，其中淮河水系 238mm，沂沭泗河水系 215mm。年径流的地区分布类似于降水分布，南多北少，沿淮多于内陆，同纬度山区多于平原。伏牛山、桐柏山、淮南和盱眙山丘区、南四湖湖东山区以及沂沭河中上游地区年径流深大于 300mm。淮河流域年径流深变幅为 50~1000mm，大别山区年径流最大，其中黄尾河高达 1054mm。广阔的平原地带为年径流低值区，其中淮北北部和南四湖上级湖湖西平原不足 100mm，菏泽、兰考以北沿黄地区仅 50mm，地区分布上南北相差 20 倍。

2. 水资源的年内分配集中

径流的年内分配不均匀，6—9 月的径流量占年径流的 50％～88％，集中程度南小北大，淮南各河最低，约为 53％，淮北各河一般为 70％，沂沭泗河水系最高，约为 83％。最大连续 4 个月的径流量占年径流的 55％～90％，大别山、淮南丘陵区分别开始于 4 月和 5 月；其他地区一般为 6 月和 7 月。10 月至次年 5 月的径流量不足年径流的 50％，其地区分布则与 6—9 月相反，淮南各河最大，约 47％；沂沭泗河水系最小，仅占 17％。四季径流量的分配随雨量大小而变化，季径流占年径流的比例，夏季最大，自南向北递增；秋季次之，也是南小北大；春季为第三，呈南大北小；冬季最小，地区差别不大。径流的极值相差很大，最大月径流占年径流的比例南小北大，一般为 14％～40％；淮南、淮北、沂沭泗地区分别占 20％、29％和 37％左右；其出现时间，淮南与沂沭泗地区一般在 7月，淮北地区在 8 月。最小月径流占年径流的比例仅为 1％～5％，地区变化小；一般在 12 月以后出现。

3. 水资源的年际变化剧烈

径流的年际变化较降水更甚，表现为最大与最小径流量倍比悬殊、年径流变差系数 C_v 大和丰枯变化频繁等特点。最大、最小年径流比值一般为 5～30 倍，山丘区比值小，淮南各河最小，一般小于 10 倍；洪汝河、涡河、涡东诸河和淮河下游平原最大，约为 30 倍。流域年径流 C_v 为 0.40～1.00，南小北大，平原大于山区；大别山区最小，约 0.40；北部沿黄一带高达 1.00。11 个代表站的年最大、最小和多年平均径流深的比较如图 2.22 所示。

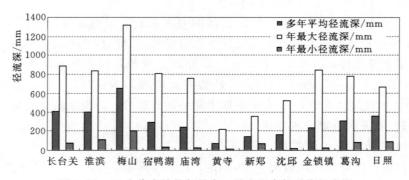

图 2.22　11 个代表站的年最大、最小和多年平均径流深

2.4.4　径流系数变化

径流系数是降水特性和下垫面条件的综合反映，是反映流域产汇流能力的指

标。它一般随降水的增大而增加；在相同降水量的情况下，又随地形坡度的加大而增加。

2.4.4.1 径流系数地区分布

淮河流域年径流系数的地区分布特点之一是自南向北递减，山区大于平原，淮河区径流系数总变幅为 0.10～0.65。南部大别山区磨子潭水库站，径流系数最高达 0.65；豫北平原北部、南四湖湖西平原和山东半岛北部平原为径流系数的低值区，仅为 0.05～0.20，其中贾鲁河扶沟站径流系数仅为 0.08；沂沭泗河水系径流系数在 0.30 以上，山东半岛基本为 0.10～0.30。

降水量、径流深和径流系数三者之间变化趋势以及上下游、相邻区域之间变化趋势较为一致，基本符合下垫面变化条件，流域主要控制站点降水量、径流深、径流系数对照分析见表 2.9。

表 2.9　　淮河流域主要控制站点降水量、径流深、径流系数对照分析

河名	站名	面积/km²	时段	多年平均降水量/mm	多年平均径流深/mm	径流系数
淮河	长台关	3090	1980—2000 年	1003	388	0.39
			1956—2000 年	1047	394	0.38
淮河	淮滨	16005	1980—2000 年	1118	391	0.35
			1956—2000 年	1111	390	0.35
淮河	王家坝	30630	1980—2000 年	1059	332	0.31
			1956—2000 年	1057	326	0.31
淮河	蚌埠（吴家渡）	121330	1980—2000 年	903	257	0.28
			1956—2000 年	900	251	0.28
淮河	洪泽湖（中渡）	158160	1980—2000 年	899	234	0.26
			1956—2000 年	898	232	0.26
史河	蒋家集	5930	1980—2000 年	1323	557	0.42
			1956—2000 年	1271	530	0.42
洪河	班台	11280	1980—2000 年	901	233	0.26
			1956—2000 年	914	242	0.26
淠河	横排头	4370	1980—2000 年	1428	776	0.54
			1956—2000 年	1392	746	0.54
颍河	周口	25800	1980—2000 年	754	144	0.19
			1956—2000 年	750	149	0.20
颍河	阜阳闸	35246	1980—2000 年	793	145	0.18
			1956—2000 年	803	147	0.18

续表

河名	站名	面积/km²	时段	多年平均 降水量/mm	多年平均 径流深/mm	径流系数
涡河	蒙城闸	15475	1980—2000 年	709	72	0.10
			1956—2000 年	719	86	0.12
沱河	永城	2237	1980—2000 年	701	61	0.09
			1956—2000 年	733	67	0.09
沂河	临沂	10315	1980—2000 年	734	221	0.30
			1956—2000 年	794	262	0.33
沭河	大官庄枢纽	4529	1980—2000 年	747	232	0.31
			1956—2000 年	807	265	0.33

2.4.4.2　径流系数年际变化

从淮河水系、沂沭泗河水系径流系数年际变化图（图2.23、图2.24）分析，径流系数年际变化总体趋势如下：

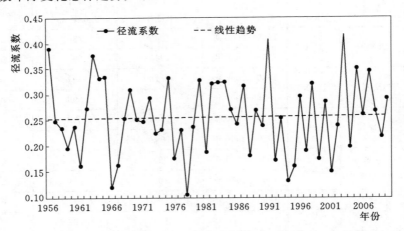

图 2.23　淮河水系 1956—2010 年径流系数年际变化

（1）淮河水系。年际波动很大，最小年份只有 0.1，最大年份接近 0.4。总体变化趋势跟降水量变化趋势一致，20 世纪 50 年代中期到 60 年代趋于减少，60 年代初到 60 年代中期有所上升，60 年代中期到 90 年代末，除 80 年代略有增加外，大体上均呈减少趋势。

（2）沂沭泗河水系。径流系数变幅为 0.10～0.38，总体上呈现减小趋势。20 世纪 50—60 年代增大，60—90 年代波动减小，90 年代以后略有上升。

2.4.5　区域蒸发量变化

淮河流域地处我国南北气候过渡带，南北不同区域蒸发量差别大，流域多年

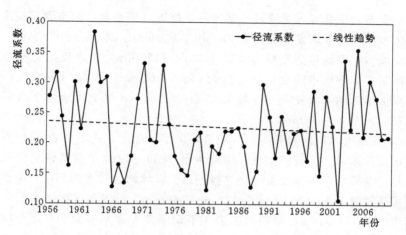

图 2.24 沂沭泗河水系 1956—2010 年径流系数年际变化

平均水面蒸发量为 1060mm，呈现南小北大、东多西少的规律。本次区域蒸发量变化分析将淮河流域分为淮河水系、沂沭泗河水系两部分，其中淮河水系分为王家坝站以上区域、王家坝站至蚌埠（吴家渡）站区间、蚌埠（吴家渡）站至洪泽湖区间、里下河地区四个区域，沂沭泗河水系分为沂沭河区、南四湖区、中运河区三个区域。

图 2.25 是淮河水系不同区域蒸发量年际变化，从图 2.25 可以看出，淮河水系王家坝站以上区域、王家坝—蚌埠（吴家渡）站区间、蚌埠（吴家渡）—洪泽湖区间、里下河地区 1980—2012 年蒸发量呈现逐渐减小的趋势。王家坝站以上

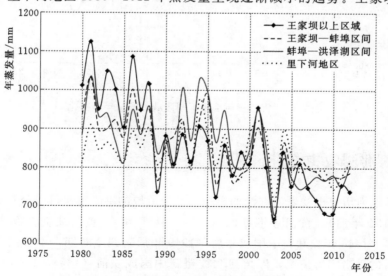

图 2.25 淮河水系不同区域蒸发量年际变化

区域、王家坝站至蚌埠（吴家渡）站区间、蚌埠（吴家渡）站至洪泽湖区间、里下河地区多年平均年蒸发量分别为 853mm、850mm、861mm、839mm，王家坝站以上区域多年平均年蒸发量总变幅为 667～1125mm，王家坝站至蚌埠（吴家渡）站区间多年平均年蒸发量总变幅为 658～1033mm，蚌埠（吴家渡）站至洪泽湖区间多年平均年蒸发量总变幅为 678～1035mm，里下河地区多年平均年蒸发量总变幅为 710～976mm。

图 2.26 是沂沭泗河水系不同区域蒸发量年际变化，从图 2.26 可以看出，沂沭泗河水系沂沭河区、南四湖区、中运河区 1980—2012 年蒸发量呈现逐渐减小的趋势，与淮河水系年蒸发量变化趋势一致。沂沭河区、南四湖区、中运河区多年平均年蒸发量分别为 891mm、903mm、890mm，沂沭河区多年平均年蒸发量总变幅为 723～1127mm，南四湖区多年平均年蒸发量总变幅为 734～1167mm，中运河区多年平均年蒸发量总变幅为 727～1076mm。

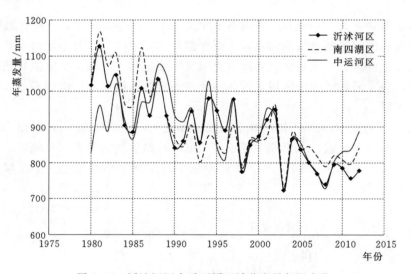

图 2.26   沂沭泗河水系不同区域蒸发量年际变化

2.5   洪涝灾害变化

基于淮河历史上受黄河夺淮的影响，淮河流域的洪涝灾害可以分为黄河夺淮以前（1194 年前）、黄河夺淮期间（1194—1855 年）、黄河北徙至新中国成立前（1856—1948 年）和新中国成立后（1949 年后）四个时期，本节主要介绍黄河北徙后的洪涝灾害情况，即黄河北徙至新中国成立前（1856—1948 年）和新中国成立后（1949 年后）两个时期。

2.5.1 近现代洪涝灾害

黄河北徙至新中国成立前（1856—1948 年），虽然黄河北徙结束了黄河 661 年的夺淮历史，但是黄河夺淮给淮河流域造成的水系混乱、出海无路、入江不畅的格局未发生变化，洪涝旱灾害频繁的状况仍未改变。据统计，这个时期全流域共发生洪涝灾害 85 次，平均 1.1 年发生一次洪涝灾害，几乎是年年有灾；发生较大的洪涝灾害为 47 次，其中淮河水系发生较大洪涝灾害 30 次，沂沭泗河水系发生较大水灾 8 次，黄河泛淮水灾 9 次，平均 2 年发生 1 次较大的洪涝灾害。

在这个时期内，淮河水系发生的特大洪涝灾害年有 1866 年、1887 年、1889 年、1898 年、1906 年、1916 年、1921 年、1931 年和 1938 年；沂沭泗河水系有 1890 年、1909 年、1911 年、1914 年和 1947 年。

2.5.2 当代洪涝灾害

新中国成立后，流域四省开展了大规模的治淮运动，基本建成了除害兴利的水利工程体系，抗洪减灾效益巨大，洪涝灾害大大减轻。但由于黄河夺淮祸根难于短期内彻底消除，加上不利的气候因素，流域内洪涝灾害时有发生。

1949—2010 年的 62 年中，淮河流域遭受洪涝灾害成灾面积在 2000 万亩以上的年份有 31 年，占统计年数的 50%；年平均成灾面积在 3000 万亩、4000 万亩和 5000 万亩以上的年份分别为 15 年、11 年和 7 年，分别占统计年数的 24.2%、17.7%和 11.3%；年成灾面积超过 6000 万亩的有 1954 年、1956 年、1963 年、1991 年和 2003 年，平均 14 年出现 1 次。

62 年的年平均水灾成灾面积达 2529.0 万亩，1949—1960 年水灾成灾面积最大，达 3203.7 万亩。62 年的年平均水灾成灾率（成灾面积与同期耕地面积的比）达 12.1%，其中 20 世纪 60 年代的成灾率最高，达 15.6%，说明淮河流域的洪涝灾害仍很严重。表 2.10 为淮河流域不同时期水灾成灾面积统计，图 2.27 是淮河流域 1949—2010 年不同时期年平均水灾成灾率比较图。

表 2.10　　　　　　　　　　　淮河流域不同时期水灾成灾面积统计　　　　　　　　单位：万亩

时期	统计值	河南	安徽	江苏	山东	全流域
1949 年		322.4	604.4	1986.7	469.9	3383.4
1950 年		942.4	2293.0	1172.0	280.0	4687.4
1951 年	—	332.7	362.4	368.0	568.0	1631.1
1952 年		637.1	1028.0	470.7	108.7	2244.5
1953 年		748.4	115.6	356.1	791.6	2011.7
1954 年		1538.7	2620.5	1543.3	420.6	6123.1

续表

时期	统计值	河南	安徽	江苏	山东	全流域
1955 年		637.0	346.3	614.8	319.9	1918.0
1956 年		2058.2	2356.2	1391.0	427.0	6232.4
1957 年		1960.4	473.2	908.3	2112.0	5453.9
1958 年		269.5	356.6	229.0	557.3	1412.4
1959 年		53.6	42.0	—	216.9	312.5
1960 年		398.0	447.0	293.1	1046.9	2185.0
1961 年		168.5	374.0	276.3	466.6	1285.4
1962 年		489.3	1242.5	1487.4	860.4	4079.6
1963 年		3422.4	3799.8	892.4	2009.6	10124.2
1964 年		2540.4	1331.2	235.6	1425.5	5532.7
1965 年		1279.2	1172.2	1009.9	348.0	3809.3
1966 年		303.7	83.4	—	2.3	389.4
1967 年		79.2	196.3	—	136.6	412.1
1968 年		386.2	384.6	—	38.9	809.7
1969 年		245.6	501.3	—	123.7	870.6
1970 年		66.4	272.7	276.8	439.8	1055.7
1971 年		209.4	472.1	413.3	357.0	1451.8
1972 年		282.3	1001.0	91.1	158.5	1532.9
1973 年		202.4	328.6	18.5	216.4	765.9
1974 年		121.2	479.6	830.0	557.1	1987.9
1975 年		1526.9	921.3	84.3	233.2	2765.7
1976 年		432.2	39.9	36.0	231.8	739.9
1977 年		272.1	141.3	—	102.2	515.6
1978 年		114.9	42.9	40.0	230.6	428.4
1979 年		1142.0	1469.3	911.2	272.0	3794.5
1980 年		624.1	1164.8	556.5	143.4	2488.8
1981 年		25.1	121.0	29.0	67.2	242.3
1982 年		2695.4	1365.1	543.3	208.2	4812.0
1983 年		460.4	596.0	1076.1	72.2	2204.7
1984 年		2200.4	1182.3	521.6	502.8	4407.1
1985 年		1019.5	612.0	519.8	733.7	2885.0
1986 年		79.5	219.0	781.4	44.8	1124.7

续表

时期	统计值	河南	安徽	江苏	山东	全流域
1987 年		304.3	443.6	382.1	60.0	1190.0
1988 年		69.8	20.8	27.8	73.0	191.4
1989 年		472.4	302.0	1429.7	23.8	2227.9
1990 年		76.1	271.4	1084.4	647.1	2079.0
1991 年		839.0	2328.0	2403.3	454.0	6024.3
1992 年		488.0	47.0	884.0	67.0	1486.0
1993 年		146.0	73.0	1244.0	1119.0	2582.0
1994 年		306.3	0.8	—	181.7	488.8
1995 年		54.0	126.9	62.0	106.0	348.9
1996 年		352.0	1412.4	336.9	78.7	2180.0
1997 年		63.7	385.2	738.8	269.2	1456.9
1998 年		765.5	1753.7	265.8	343.5	3128.5
1999 年	—	21.7	—	—	—	21.7
2000 年		1235.6	272.0	586.2	14.1	2107.9
2001 年		1854.2	61.4	67.2	32.9	2015.7
2002 年		196.5	43.8	9.0	2065.8	2315.1
2003 年		4858.2	3359.3	1966.2	1490.0	11673.7
2004 年		1053.8	84.0	14.3	560.0	1712.1
2005 年		59.3	1370.6	369.2	293.7	2092.8
2006 年		72.0	607.5	1295.7	147.0	2122.2
2007 年		262.5	1224.6	44.9	48.2	1580.2
2008 年		90.3	359.0	—	355.7	805.0
2009 年		24.8	113.0	86.7	416.9	641.4
2010 年		629.9	284.4	123.9	325.5	1363.7
1949—1960 年	平均	824.9	920.4	848.5	609.9	3203.7
	最大年	2058.2	2620.5	1986.7	2112.0	6232.4
1961—1970 年	平均	898.1	935.8	696.4	585.1	3115.4
	最大年	3422.4	3799.8	1487.4	2009.6	10124.2
1971—1980 年	平均	492.8	606.1	331.2	250.2	1680.3
	最大年	1526.9	1469.3	911.2	557.1	3794.5
1981—1990 年	平均	740.3	513.3	639.5	243.3	2136.4
	最大年	2695.4	1365.1	1429.7	733.7	4812.0

续表

时期	统计值	河南	安徽	江苏	山东	全流域
1991—2000年	平均	427.2	711.0	815.1	292.6	2245.9
	最大年	1235.6	2328.0	2403.3	1119.0	6024.3
2001—2010年	平均	910.2	750.8	441.9	573.6	2676.4
	最大年	4858.2	3359.3	1966.2	2065.8	11673.7
1949—2000年	平均	682.3	745.0	668.4	406.6	2502.4
	最大年	3422.4	3799.8	2403.3	2112.0	10124.2
1949—2010年	平均	719.1	746.0	629.9	434.0	2529.0
	最大年	4858.2	3799.8	2403.3	2112	11673.7

注 数据来源于《淮河流域片水旱灾害研究》和《治淮汇刊（年鉴）》。流域合计不包含缺资料省份。
各省年代平均值按有资料实际年份计算，流域年代平均值为四省均值总和。

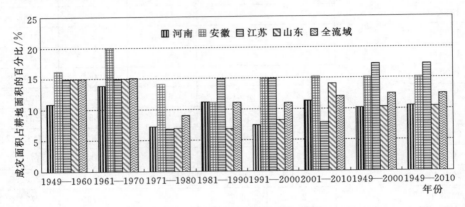

图2.27 淮河流域1949—2010年不同时期年平均水灾成灾率
（注：数据来源于《淮河流域片水旱灾害研究》，2006年）

2.5.3 水旱灾害的特点

（1）淮河流域近代洪涝灾害频发，随着流域内人口的增加而加重。淮河流域古近代水旱灾害，不仅频繁发生，而且受灾范围大、灾情惨重。旱则"赤地千时"，涝则"遍野行船"。1949年新中国成立后，洪涝灾害的威胁依然存在。1963年特大涝灾，全流域成灾面积超过1亿亩；1975年洪水，河南与安徽两省受灾人口超过1000万人，死亡26399人；1991年洪水，全流域受灾人口5423万人，成灾面积6024万亩，直接经济损失340亿元。可见，淮河流域洪涝灾情都是极其严重的。

（2）水灾发生的概率大。自公元前246—2010年，水灾的发生率为44.75%，平均 2.2 年发生 1 次；大水灾发生率为 11.8%，平均 8.4 年发生 1 次。水灾在 14—19 世纪也相当集中，水灾发生率平均达 86.2%，集中了 20 个世纪水灾总数 的 52.7%。图 2.28 是不同世纪水旱灾害发生次数分布。

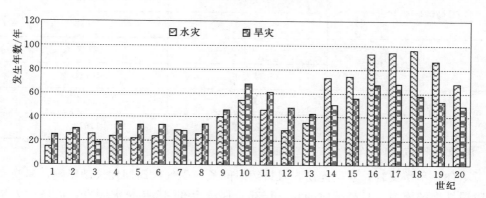

图 2.28　不同世纪水旱灾害发生次数分布
(注：数据来源于《淮河流域片水旱灾害研究》，2006 年)

对 1949 年新中国成立后水灾和旱灾发生的频率分析的结论也类似，1949— 2000 年，水灾成灾面积在 2000 万亩以上的年份有 26 年，尤其是到 20 世纪 90 年代，旱灾平均成灾面积达 4217.2 万亩，平均成灾面积 2066.1 万亩，水灾的成 灾率为 11.5%。表 2.11 为淮河流域不同时期洪涝成灾面积对比。

表 2.11　　　　　　　　淮河流域不同时期洪涝成灾面积对比　　　　　　　　单位：万亩

时　　期	统计值	水灾成灾面积
1949—1960 年	平均	3186.8
	最大年	6232.4
1961—1970 年	平均	3115.4
	最大年	10124.2
1971—1980 年	平均	1673.8
	最大年	3794.5
1981—1990 年	平均	2136.4
	最大年	4812.0
1991—2000 年	平均	2066.1
	最大年	6024.3

续表

时　　期	统计值	水灾成灾面积
2001—2010 年	平均	2630.7
	最大年	11673.5
1949—2000 年	平均	2377.4
	最大年	10124.2
1949—2010 年	平均	2418.3
	最大年	11673.5

注　数据来源于《淮河流域片水旱灾害研究》，2006 年。

（3）旱涝交替，连旱连涝，且持续时间长。受气候周期性波动影响，旱涝呈阶段性交替演变，且持续时间长。1635—1679 年的 45 年旱灾频发，流域性大旱和旱、蝗灾 13 年，特大干旱 3 年；1725—1764 年的 40 年是涝灾高频期，流域性大涝 22 年，其中 1740—1757 年，18 年当中大涝占了 13 年；再如 1815—1851 年的 37 年又是涝灾集中时期，大涝 16 年；1918—1962 年又是一个明显的干旱期。旱、涝连年发生的机会较多，流域性大涝如 1577—1581 年（5 年），1593—1595 年（3 年），1601—1603 年（3 年），1740—1743 年（4 年），1745—1747 年（3 年），1753—1757 年（5 年），1815—1817 年（3 年），1819—1821 年（3 年），1831—1833 年（3 年），1954—1957 年（4 年），1989—1991 年（3 年）；大旱也是如此，如 1508—1509 年（2 年），1652—1654 年（3 年），1639—1641 年（3 年），1927—1929 年（3 年），1934—1936 年（3 年），1941—1943 年（3 年），1959—1962 年（4 年），1986—1989 年（4 年）和 1999—2001 年（3 年）。由此可见，流域性大涝持续时间可以达到 3～5 年。

第 3 章

流 域 暴 雨 气 候 特 征

淮河流域地处东亚季风区，受季风、地理位置、地形地貌等因素影响，雨季冷暖空气频繁交汇，强降水过程频繁发生，从而引发流域内的洪涝灾害。研究并掌握淮河流域暴雨强降水的气候学特征，不仅能为流域重大降水过程预报提供技术支持，还能为深入研究淮河流域洪涝灾害特征奠定基础。

暴雨是降水的一种极端形式，关于暴雨的定义，不同气候区、南方和北方、沿海和内陆不能一概而论。为了系统研究淮河流域暴雨的时空特征，本章采用多种指标和方法描述"暴雨"，并运用趋势分析、EOF（经验正交函数分解）等方法揭示淮河暴雨宏观气候特征，尤其引入新方法 DEOF（显著经验正交函数分解）分析研究了淮河流域暴雨的统计特征，加强对其气候学方面的认识。

为了掌握暴雨强降水过程的天气成因，本章深入分析了淮河流域有资料记录以来历史上历次强降水过程的天气形势，探寻淮河流域发生暴雨时环流特征的共同点和不同点。在研究过程中将把多个暴雨过程放到气候尺度上分析，系统地分析淮河流域历次强降水过程的大尺度环流背景和天气系统，对各过程的环流形势进行总结归纳，试图分类找出产生淮河流域强降水的典型环流型，揭示它们的特点和对应降雨区域分布特征。

3.1 暴雨量的统计特征

本书采用中国境内 753 个气象站 1950 年以来的逐日降水量资料，淮河流域范围内各气象站点日降水量大于等于 50mm 统称为暴雨，把单个站点每一年所有暴雨降水量的累加值作为该年的暴雨量。据此统计出淮河流域 39 个气象站

1961 年以来逐年的暴雨量，运用趋势分析、合成分析、EOF 等方法得出淮河流域暴雨的时空特征。

3.1.1 暴雨量时间变化特征

图 3.1 是淮河流域年暴雨量区域平均值的逐年变化曲线。如图 3.1 所示，在 1961—2009 年的 49 年中，年暴雨量最多的年份是 1991 年，接近 400mm；其次是 2000 年，达到 350mm；2003 年、2005 年和 2007 年也较多，均超过 300mm，但不足 350mm。特别是自 2000 年以来，陆续有 4 年暴雨量明显偏多，已经显示了淮河流域处于年暴雨增加的年代际里。在 49 年中年暴雨量最少的是 1966 年，不足 100mm，其次是 1978 年，暴雨量区域均值在 100～125mm 之间，其他的年份如 1976 年、1981 年、1986 年和 2001 年暴雨量也明显偏少，均不足 150mm。对该序列做线性回归分析，发现淮河流域的年暴雨量呈上升趋势，但是并不显著。从年代际角度看，从 20 世纪 60 年代后期开始直到 90 年代前期，淮河流域的年暴雨量均偏少，90 年代后期开始年暴雨量开始偏多，淮河流域的洪涝灾害也变得频繁起来。

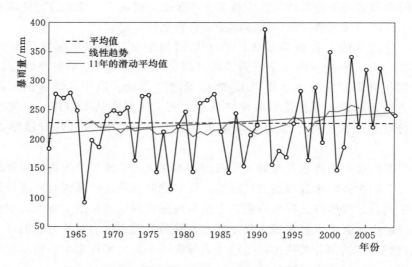

图 3.1 淮河流域年暴雨量区域平均值的逐年变化曲线

图 3.2 是淮河流域各测站年暴雨量序列的线性趋势系数分布。如图 3.2 所示，淮河流域年暴雨量大部分区域都呈上升趋势，尤其是淮河上游北侧地区，增长速度超过 35mm/10a，流域的东北部和西北部少部分地区呈下降趋势。但是淮河流域所选的 39 个气象站中仅有 2 个站通过 0.05 的显著性检验，其他 37 个气象站线性趋势均不显著，通过检验的地区如图中红色区域所示。

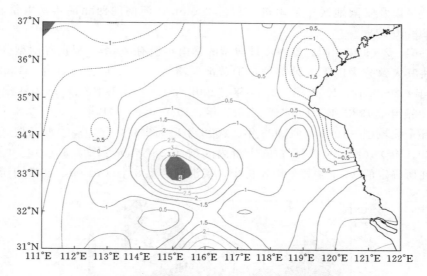

图 3.2　淮河流域各测站年暴雨量序列的线性趋势系数分布
（注：红色区域为通过 0.05 的显著性检验）

3.1.2　暴雨量分布特征

图 3.3 是淮河流域 1961—2009 年年暴雨量平均值分布，如图 3.3 所示，在河南的南部和江苏的北部各有一个极值中心，多年平均的年暴雨量超过 300mm，在山东西部存在一个相对弱一些的极值中心，年暴雨量超过 250mm；在江苏的

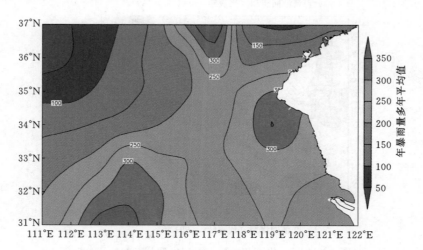

图 3.3　淮河流域 1961—2009 年年暴雨量平均值分布（单位：mm）

其他地区以及安徽地区年暴雨量均超过200mm；河南的西北部年暴雨量较小，不足200mm。

1961—2009年期间，淮河流域典型的暴雨年份有20个，根据降雨型分布的特征将其大致分为以下5种类型：①黄淮同涝型（1962年、1963年、1965年、1972年、2000年、2003年、2005年、2007年）［图3.4（a）］；②江淮同涝型（1969年、1982年、1983年、1987年、1989年、1991年）［图3.4（b）］；③东部全流域型（1974年、1998年、2008年）［图3.4（c）］；④淮涝型（1979年、2006年）［图3.4（d）］；⑤上游内陆型（1984年）［图3.4（e）］。可以看出，在所确定的20个主要暴雨年份中，黄淮同涝型8个（40%）、江淮同涝型6

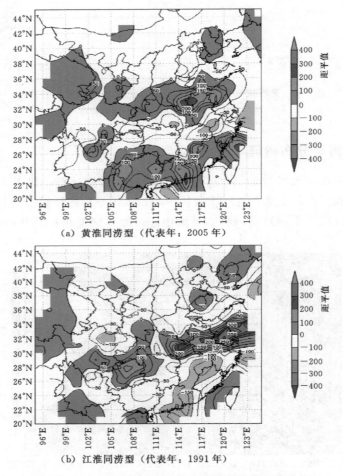

图3.4（一）　淮河流域雨型空间类型分布的特征分类

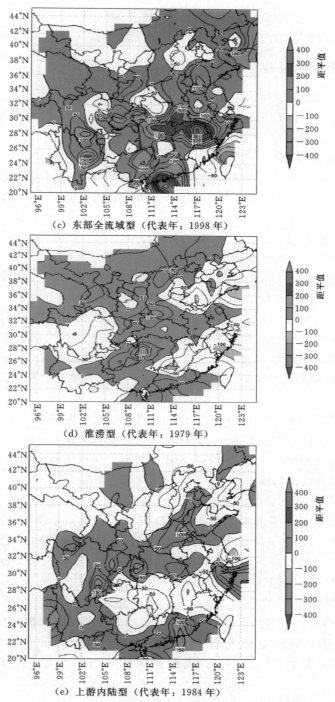

（c）东部全流域型（代表年：1998 年）

（d）淮涝型（代表年：1979 年）

（e）上游内陆型（代表年：1984 年）

图 3.4（二） 淮河流域雨型空间类型分布的特征分类

个（30%）、东部全流域型 3 个（15%）、涝型 2 个（10%）、上游内陆型 1 个（5%）。前两种类型占了 70%，加上东部全流域型共 17 个，占 85%。

3.1.3 暴雨量的经验正交函数分析

对淮河流域暴雨量分别应用三种经验正交函数方法，即 EOF、REOF（旋转经验正交函数）和 DEOF 分析了流域暴雨的时空特征，以突出时空特征的显著性。

（1）EOF 分析表明（图 3.5），前 13 个特征向量的方差贡献之和为 80.6%，说明影响暴雨以上等级降水的独立因子较多，使得 EOF 的收敛速度较慢。根据 North 等提出的检验特征值的方法，检验各特征值的显著性，结果显示前 3 个特征向量的特征值是显著的。

第 1 个特征向量（EOF1）的方差贡献为 19.6%，如图 3.5（a）所示，淮河流域内以正值为主，降水量的变化趋势在主要区域内是一致的，正值中心位于安徽中部和江苏中部，在河南西北部、山东中部接近 37°N 区域、江苏南通部分地区存在小面积负值，与淮河流域主要区域是反位相变化。

第 2 个特征向量（EOF2）的方差贡献为 13.1%，由图 3.5（b）可以看出，EOF2 空间分布的主要特征是淮河流域的东南部和西部北部呈反位相变化，安徽中部和江苏中部南部为正值，其北方皆为负值。在负值区内，从负值的绝对值大小来看，沿西南到东北的方向，相对低值中心、相对高值中心呈交替分布状态。

第 3 个特征向量（EOF3）的方差贡献为 8.3%，由图 3.5（c）可以看出，EOF3 空间分布的主要特征是淮河流域偏东北方向的部分为正值，并且在河南的中心地区有舌状的突出，正值中心位于山东东部；偏西南方向的部分为负值，负值中心位于河南西部和南部。

（2）同样以 EOF 特征向量的累积方差达到 80% 为标准，决定截取公因子的个数进行暴雨以上等级年降水量的 REOF 分析，选取了前 13 个特征向量做旋转变换。图 3.6 是暴雨对应的年降水量的 REOF 空间分布，如图 3.6（a）所示，第 1 个旋转特征向量（REOF1）的方差贡献为 14.5%，淮河流域内以一致的正值为主，高值区主要集中于安徽的中部，超过了 0.8。该旋转特征向量的空间分布与 EOF 分析第 1 个特征向量的空间分布很相似。第 2 个旋转特征向量（REOF2）的方差贡献为 8.7%，高载荷区位于河南东部和安徽北部接壤的地区，最大值绝对值超过 0.7［图 3.6（b）］。第 3 个旋转特征向量（REOF3）的方差贡献为 7.4%，高载荷区位于山东半岛，最大值超过 0.9［图 3.6（c）］。

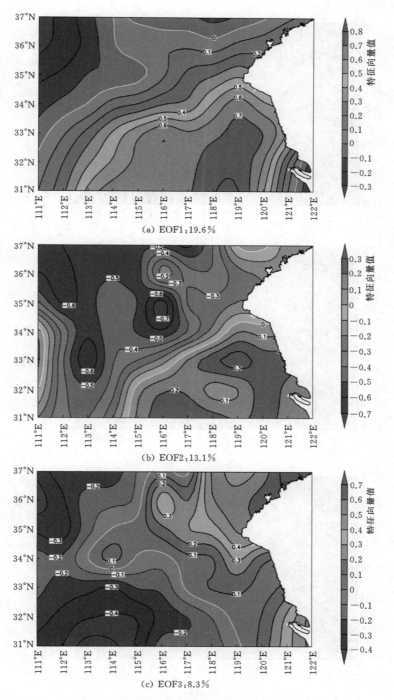

图 3.5　暴雨对应的年降水量的 EOF 空间分布

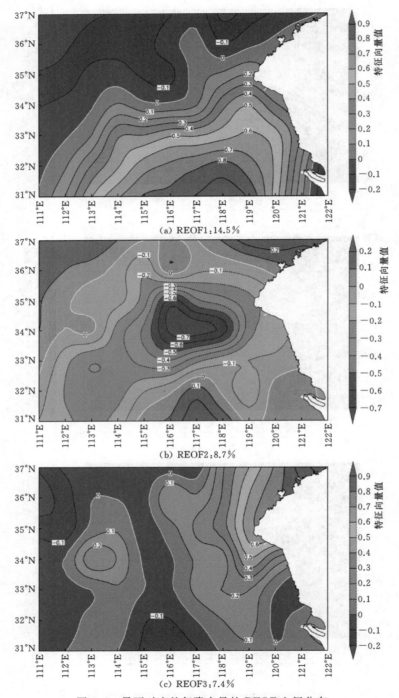

(a) REOF1：14.5%

(b) REOF2：8.7%

(c) REOF3：7.4%

图 3.6　暴雨对应的年降水量的 REOF 空间分布

　　（3）降水的 DEOF 分析。以特征向量的方差贡献之和达到 80% 为标准，选取 14 个旋转特征向量。图 3.7 为暴雨对应的年降水量的 DEOF 空间分布。在 DEOF 第 1 个特征向量（DEOF1）的空间分布图中［图 3.7 (a)］，总体上淮河流域的北部西部为正值，中部偏南即江苏中部、安徽中部地区为负值，江苏东南

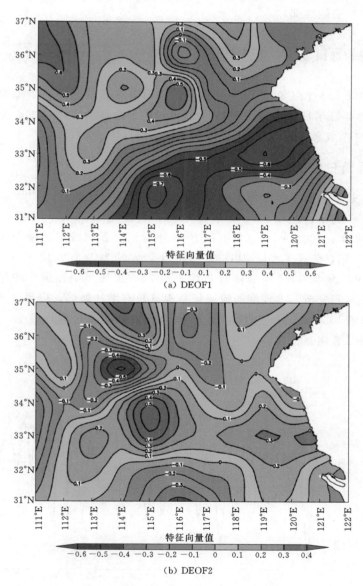

(a) DEOF1

(b) DEOF2

图 3.7　暴雨对应的年降水量的 DEOF 空间分布

端为正值。正值中心位于河南西北，负值中心位于江苏中部以及安徽中部，面积较大，说明淮河南方与北方的降水存在反位相的变化。在 DEOF 第 2 个特征向量（DEOF2）空间分布图中［图 3.7（b）］，淮河流域内大约 32°N 以南为负值，山东西部存在一个负值中心，两者之间是大面积的正值区，并且存在一正中心位于河南东部和安徽北部。

3.2 暴雨日数的统计特征

采用中国 753 个气象站 1950 年以来的逐日降水量资料，对于淮河流域范围内各气象站点每年日降水量大于等于 50mm 的日数作为 1 个样本，据此统计出淮河流域 39 个气象站自 1961 年以来逐年的暴雨日数。

3.2.1 暴雨日数的时间变化特征

图 3.8 是淮河流域年暴雨日数区域平均的逐年变化曲线。1961—2009 年中暴雨日数最多的年份是 1991 年，超过 4.5d；其次是 2003 年，接近 4.5d；其他年份如 1998 年、2000 年、2005 年和 2007 年暴雨日数也较多。暴雨日数最少的年份是 1966 年，略高于 1d，其次是 1978 年，大约为 1.5d。1976 年、1981 年、1988 年、1997 年和 2001 年暴雨日数均不足 2d，也属于明显偏少的年份。对该序列做线性回归分析，发现淮河流域年暴雨日数有增加趋势，但是并不显著。从年代际角度看，20 世纪 60 年代后期到 90 年代前期暴雨日数均偏少，90 年代后期至今暴雨日数明显偏多。

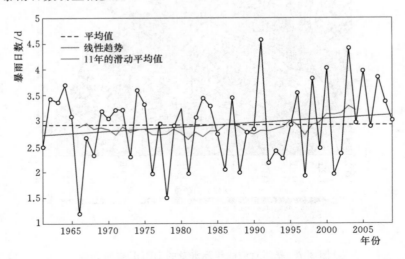

图 3.8 淮河流域年暴雨日数区域平均的逐年变化曲线

图 3.9 是淮河流域各测站年暴雨日数序列的线性趋势系数分布。流域内大部分地区均呈上升趋势，趋势系数的极大值位于淮河上游北侧地区，增长速度超过 0.4d/10a，流域的东北部和西北部少部分地区呈下降趋势。淮河流域 39 个站中仅有 1 个站通过 0.05 的显著性检验，通过检验的区域如图中红色区域所示。由此可见，淮河流域的暴雨日数并未呈现出显著的增加趋势。

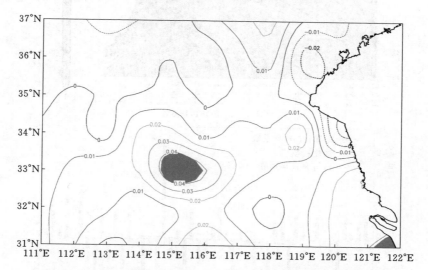

图 3.9   淮河流域各测站年暴雨日数逐年序列的线性趋势系数分布
（注：红色区域为通过 0.05 的显著性检验）

3.2.2   暴雨日数的时空特征

淮河流域 1961—2009 年暴雨日数标准化距平场的 EOF 分析结果如图 3.10 所示。经检验 EOF 分解的前 3 个特征向量的特征值是显著的。图 3.10 中空间点上的数值是归一化的特征向量乘以相应特征值的平方根，时间序列中的数值是原时间系数序列除以相应特征值的平方根，即相当于将原时间系数序列标准化处理。

图 3.10（a）是第 1 个特征向量（EOF1）的空间分布，解释方差为 18.6%。如图 3.10（a）所示，整个淮河流域内是一致的正距平，表示全区变化一致的分布，另外第 1 个特征向量的空间分布还呈现南高北低的阶梯状分布。该空间分布形式是淮河流域暴雨日数的主要分布形态，表示以整个流域的尺度来说，淮河流域一般受相同的天气系统影响，暴雨日数的变化是一致的，从流域内不同区域来看，淮河以南地区的暴雨日数相对淮河以北地区变化更大。图 3.10（d）是第 1 个特征向量的时间系数序列，该序列存在明显的年际变化，还存在微弱的上升趋

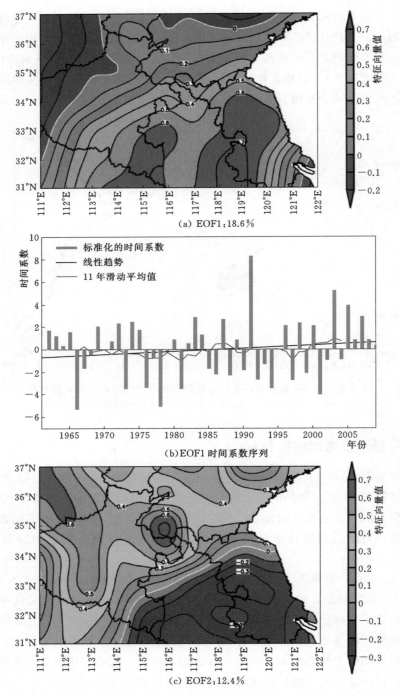

(a) EOF1:18.6%

(b) EOF1 时间系数序列

(c) EOF2:12.4%

图 3.10（一） 淮河流域 1961—2009 年暴雨日数标准化距平场的 EOF 分析结果

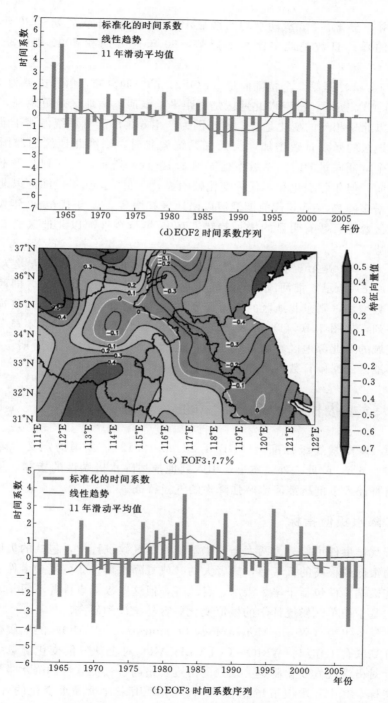

图 3.10（二） 淮河流域 1961—2009 年暴雨日数标准化距平场的 EOF 分析结果

势，但是并不显著，11a 滑动平均曲线显示 20 世纪 70 年代后期至 80 年代前期淮河流域的暴雨日数呈北多南少的趋势，80 年代后期和 2000 年以来则恰好相反。

图 3.10（b）是第 2 个特征向量（EOF2）的空间分布，解释方差为 12.4%。如图 3.10（b）所示，淮河以北地区是正距平，淮河以南地区是负距平，淮河以南和淮河以北呈相反的变化趋势。这是因为产生暴雨的天气系统停滞于淮河以南时，淮南地区的暴雨日数增加，当天气系统偏北时，则淮北地区的暴雨日数增加。第 2 个特征向量的时间系数序列如图 3.10（e）所示，该序列几乎不存在任何线性倾向，但年际变化和年代际变化较明显，20 世纪 60 年代淮河以北地区暴雨日数有增多趋势，70 年代前期淮河以南地区有增多，80 年代至 90 年代前期淮和以南地区暴雨日数有明显的增加趋势，1995 年至今淮河以北地区又有了明显的增多趋势。

图 3.10（c）是第 3 个特征向量（EOF3）的空间分布，解释方差为 7.7%。如图 3.10（c）所示，淮河流域的西部和东北部呈相反的变化趋势，即西部地区的暴雨日数增加，则东北地区的暴雨日数变少，反之亦然。第 3 个特征向量的时间系数序列，如图 3.10（f）所示，该序列有微弱的上升趋势但并不显著，1975 年之前流域的东北部地区暴雨日数有增加趋势，20 世纪 70 年代后期至 90 年代流域西部地区的暴雨日数有增加趋势，序列有明显的年代际变化。

3.3　降水极值指标的统计特征

按照《降雨量等级标准》（GB/T 28592—2012），暴雨的定义为降雨量为 50.0～99.9mm，除此之外，本书还引入其他描述降水极端性的指标，从这些指标的时空特征入手剖析淮河流域强降水的气候特征。

3.3.1　降水极值指标

极端气候事件可以分为两大类：①基于简单气候统计学，包括的极值如每年都发生的很低或很高的日气温，或者大的日或月降水量；②更复杂事件驱动的极值，这些极端事件包括干旱、洪水、台风等，但这些极端事件并不每年发生。相对而言，基于简单气候统计学的极值变化更容易统计和研究。

世界气象组织（World Meteorology Organization，WMO）的气候变化和气候监测计划联合工作组（WMO–CCl/CLIVAR）对全球气候变化衡量标准进行改进，针对极端气候变化制定一系列的由逐日最高、最低气温和降水量导出的气候极值指标，其中降水极值指标有 11 个，主要用来评价降水变化的各个方面，包括降水事件强度、频率和历时变化等。用气候变化检测监测和指数专家团队（ETCCDMI）推荐的软件包 Rclimdex 来进行数据质量控制和计算降水极值指标，并从 11 个降水极值指标中选择 CDD、CWD、PCPtot、RX1d、RX5d、Ppr、SDII 和 R95p 等 8 个来研究淮河流域降水极值变化（表 3.1）。这些指标中，仅 RX1d 和 RX5d 是月尺度的，其余都为年尺度的，因此在分析中重新计算了逐月的 PCP_{tot}，并引入另一个降水指标降水概率 Ppr，计算了年和月的降水概率。按 RX1d 和 RX5d 的定义，对每年 12 个月的 RX1d 或 RX5d 取最大值，得到该年的 RX1d 或 RX5d 值。这样，年尺度上有 8 个降水极值指标，月尺度上有 4 个降水极值指标。考虑到区域气候特征的差异，本研究没有选择基于绝对阈值的降水极值指标，如 R10mm 等。

表 3.1　　　　　　　　　　　　　降 水 极 值 指 标

指标缩写词	指标名称	定　　义	单位
CDD	连续干旱日数	一年内日降水量小于 1mm 的最大连续天数	d
CWD	连续湿润日数	一年内日降水量大于 1mm 的最大连续天数	d
PCP$_{tot}$	年湿日降水总量	一年中湿日降水总量	mm
SDII	简单降水强度指数	年降水总量除以湿日天数	mm/d
R95p	非常湿日降水总量	一年中大于 95% 的降水量的总和	mm
RX1d	最大 1 天降水量	每个月降水量最大的 1 天的降水量	mm
RX5d	最大 5 天降水量	每个月连续 5 天最大的降水量	mm
Ppr	降水概率	日降水量大于 1mm 的日数出现的概率	%

8 个降水极值指标分为三类：第一类为降水总量指标，即 PCP_{tot}；第二类为降水频率指标，包括 CDD、CWD 和 Ppr 3 个；第三类为降水强度指标，包括 SDII、R95p、RX1d、RX5d 4 个。

分析计算了研究期内每个气象站的每个降水极值指标时间序列的线性趋势（Sen's 坡度），趋势的显著性用 Kendall - tau 检验。考虑到研究区域地形以平原为主，28 个气象站分布比较均匀，因此用简单算术平均的方法来计算各个降水极值指标的区域平均。以 PCP_{tot}、Ppr 和 SDII 作为三类降水极值指标的代表，对 PCP_{tot}、Ppr 和 SDII 3 个降水极值指标进行 EOF 分析。

3.3.2　降水极值的时间变化特征

（1）年尺度。区域平均的降水极值指标的时间曲线和 Sen's 坡度估算。8 个降水极值指标中，只有 CDD 的下降趋势显著性在 0.95 的显著性水平下能够通过 Kendall - tau 检验，其余指标的趋势都不能通过显著性检验。

图 3.11 是区域平均降水极值指标的时间曲线和 Sen's 坡度估算，由图 3.11 可以看出，研究期内淮河流域区域平均的 CDD 以 0.649d/a 的速率下降［图

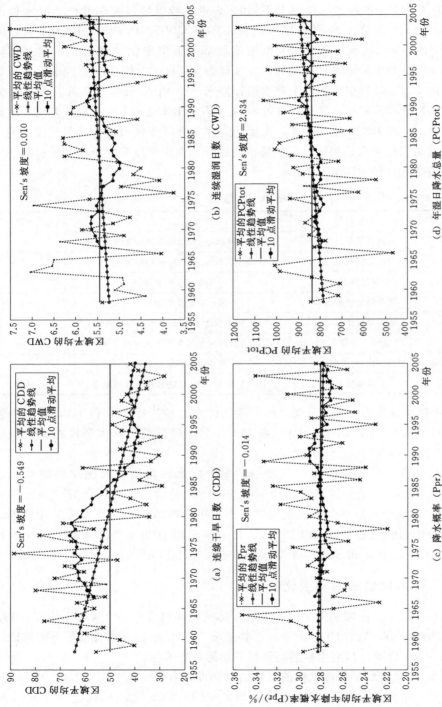

图 3.11（一）　区域平均降水极值指标的时间曲线和 Sen's 坡度估算

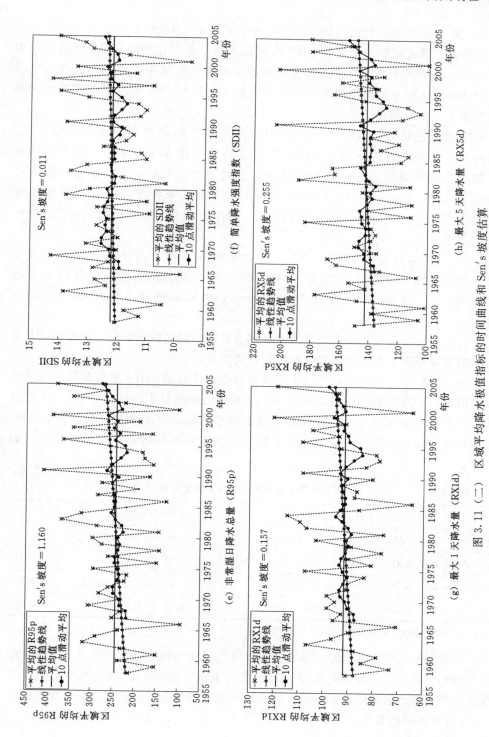

(e) 非常湿日降水总量 (R95p)

(f) 简单降水强度指数 (SDII)

(g) 最大 1 天降水量 (RX1d)

(h) 最大 5 天降水量 (RX5d)

图 3.11 (二) 区域平均降水极值指标的时间曲线和 Sen's 坡度估算

3.11（a）], 而区域平均的 CWD 以更小（0.010d/a）的趋势上升 [图 3.11（b）]。一般而言, 最大连续干旱日数 CDD 出现在干季, 最大连续湿润日数 CWD 出现在雨季, CDD 和 CWD 的趋势都表明流域年降水概率的增加, 但研究期内区域平均的年降水概率 Ppr 呈现出弱的下降趋势 [图 3.11（c）], 矛盾的结论可能是因为降水变化的季节差异。

　　降水总量变化有两个方面的原因: 降水频率的变化和降水强度的变化。区域平均的年湿日降水总量 PCP_{tot} 呈上升趋势 [图 3.11（d）], 由于年降水概率呈弱的下降趋势, 因此年湿日降水总量 PCP_{tot} 的上升主要由于降水强度的增加所致。R95p、SDII、RX1d 和 RX5d 等表征降水强度的极值指标都呈现出上升趋势 [图 3.11（e）～（h）], 说明降水强度的增加是年降水总量增加的主要原因。

　　R95p 和年尺度的 RX1d、RX5d 一般出现在雨季, 其趋势也代表了雨季降水强度变化的趋势, SDII 则是年尺度上降水强度的平均。SDII 的上升趋势比 R95p、RX1d 和 RX5d 上升的趋势小, 说明雨季降水强度增加的趋势更大。

　　总之, 淮河流域年降水量总体上呈现上升的趋势, 降水强度增加是年降水量增加的主要原因, 雨季降水强度的增加趋势更大。

　　（2）月尺度。区域平均的两个降水极值指标逐月的 Sen′s 坡度估算。逐月降水极值指标的趋势分析结果, 冬季 4 个降水极值指标呈上升趋势, 在 0.05 的显著性水平下能够通过 Kendall - tau 趋势显著性检验, 6 月的 RX1d 呈上升趋势, 也能够通过显著性检验, 其余月份的其他各项指标都未能通过显著性检验（表3.2）。

表 3.2　　　　　　　　　逐月气候极值指标的 Sen′s 坡度估算

指标	1 月	2 月	3 月	4 月	5 月	6 月	7 月	8 月	9 月	10 月	11 月	12 月
PCP_{tot}	**0.282**	**0.338**	0.205	−0.558	0.042	1.058	0.516	0.445	−0.813	−0.02	−0.135	**0.192**
RX1d	**0.13**	**0.17**	0.03	−0.05	0.06	**0.34**	0.23	0.10	−0.15	−0.26	−0.04	**0.11**
RX5d	**0.23**	**0.26**	0.18	−0.22	0.09	0.37	0.47	0.10	−0.29	−0.18	−0.10	**0.19**
Ppr	**0.23**	**0.23**	0.01	−0.29	−0.07	0.01	0.00	0.09	−0.25	−0.03	−0.12	**0.09**

　注　加粗的字体表示趋势能通过 0.05 的显著性检验。

　　夏季降水总量增加的趋势最大, 表征降水强度的两个指标 RX1d 和 RX5d 的上升趋势也最大, 但夏季降水概率上升趋势很小（表 3.2）, 说明夏季降水量的增加主要由降水强度的增加所致; 夏季降水概率很小上升趋势可以解释年尺度上 CWD 以很小的趋势上升。

　　冬季表征降水总量的指标 PCPtot、表征降水强度的两个指标 RX1d 和 RX5d 以及表征降水概率的指标 Ppr 都呈显著的增加趋势（表 3.2）。说明冬季降水概率的显著增加趋势可以解释年尺度上 CDD 的显著下降。

　　秋季（9—11 月）和春季的 4 月，表征降水概率的指标 Ppr 以较大趋势的下降，这可能是年降水概率呈现出弱的下降趋势的原因；表征降水强度的两个指标 RX1d 和 RX5d 都呈下降趋势，因而这几个月降水量下降趋势也很大（表 3.2），这意味着淮河流域春季和秋季干旱化加剧。

　　可见，夏季降水量的增加主要是由于降水强度的增加，降水频率的增加和降水强度的增加对冬季降水量的增加的影响相当，春秋季节的降水概率和降水强度以较大的趋势下降是这两个季节降水量下降的直接原因。降水极值指标趋势的季节差异表明，淮河流域降水的季节变化趋于剧烈，流域春、秋季干旱或旱涝急转的风险更大。

3.3.3　降水极值的空间变化

　　图 3.12 是降水极值指标多年平均值的空间差异。从 8 个降水极值指标多年平均值的空间差异看，表征降水频率 3 个指标（Ppr、CDD 和 CWD）的多年平均值的空间差异主要是南北差异。流域南部以及靠近淮河干流的北部多年平均 CDD 较低，流域北部沙颍河和涡河流域中上游，多年平均 CDD 值较高［图 3.12（a）］；多年平均 CWD 的空间差异也大体与 CDD 相反，流域北部，特别是沙颍河上游和涡河流域，多年平均 CWD 较小；多年平均 CWD 的东西差异也很明显，流域西部（上游）CWD 值较高，而流域东部（下游）CWD 值较低［图 3.12（b）］。多年平均的降水概率 Ppr 的空间差异主要也是南北差异，流域南部降水概率大，流域北部降水概率小［图 3.12（c）］。总之，表征降水频率的 3 个极值指标的主要空间差异以南北差异为主，东西差异并不明显。

　　表征降水强度的 4 个极值指标中，R95p、RX1d 和 RX5d 多年平均值的空间差异大体一致，除流域北部沙颍河和涡河上游多年平均值较小外，流域大部分地区的多年平均值都比较大；这 3 个指标的多年平均值东西差异也很明显，流域西部（上游）极值指标的多年平均值都比较大，流域东部（下游）的多年平均值都较小［图 3.12（e）、（f）和（h）］。多年平均 SDII 的空间差异虽然也以南北差异为主，但高值区的范围比 RX1d 和 RX5d 高值区的范围大，流域上游北部有一个高值中心，仅在流域北部的沙颍河和涡河上游小部分区域，SDII 的值较小；多年平均的 SDII 东西差异也很明显，流域西部（上游）大，流域东部（下游）相对较小［图 3.12（g）］。总之，表征降水强度的 4 个极值指标的空间差异虽然也以南北差异为主，南部是高值区，北部小部分区域是低值区；但这类指标

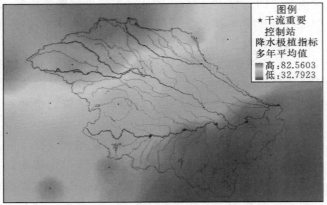

（a）连续干旱日数（CDD）

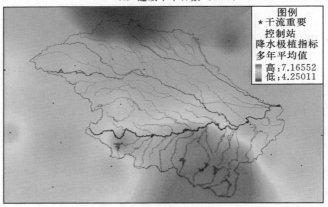

（b）连续湿润日数（CWD）

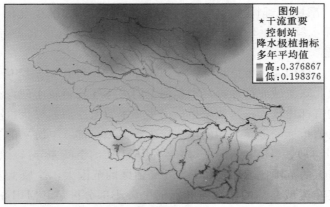

（c）降水概率（Ppr）

图 3.12（一）　降水极值指标多年平均值的空间差异

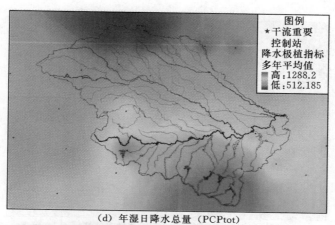

（d）年湿日降水总量（PCPtot）

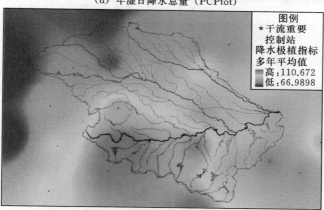

（e）最大 1d 降水量（RX1d）

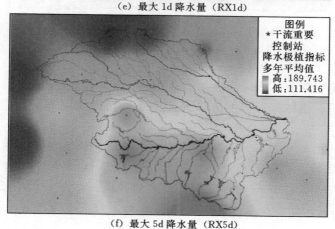

（f）最大 5d 降水量（RX5d）

图 3.12（二）　降水极值指标多年平均值的空间差异

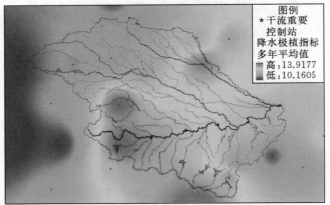

（g）简单降水强度指数（SDII）

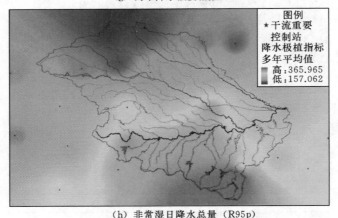

（h）非常湿日降水总量（R95p）

图 3.12（三）　降水极值指标多年平均值的空间差异

的东西差异也很明显，流域西部（上游）是高值区，流域东部（下游）多年平均值相对较低。流域南部和上游降水强度更大，是淮河流域洪涝频发的重要原因。

多年平均的年湿日降水总量 PCPtot 的空间差异体现了降水频率和降水强度的共同影响。流域南部年降水量大，流域北部，特别是沙颍河和涡河中上游年降水量小；流域南部年降水量较多的区域，多年平均降水量的东西分异也很明显，流域西部（上游）年降水量大，而东部（下游）年降水量小[图 3.12（d）]。

淮河流域南部及靠近干流附近的北部年降水量大，降水概率和降水强度也大，而流域北部沙颍河和涡河中上游地区，降水量小，降水概率和降水强度也不大；与流域下游比较，流域上游的降水量和降水强度更大。由于淮河流域上游和流域南部地形以山地丘陵为主，河流短，暴雨洪水下泄迅速，流域北部和下游地形以平原为主，流量排泄缓慢，因而淮河流域降水极值指标的这种空间格局极容易造成洪涝灾害。

3.3.4　降水极值指标的时空演变特征

对降水总量（PCPtot）、降水概率（Ppr）和降水强度（SDII）进行 EOF 分析以更深入地了解淮河流域降水极值变化的时空特征。

淮河流域年降水总量的指标（POPtot）EOF 第 1 个特征向量（EOF1）的方差贡献率是 47.999%，其基本特征是整个研究流域都为正值，说明年降水总量的变化在整个流域上是一致的，即年降水总量偏多或偏少在整个流域是一致的；主要的空间差异是南北差异，流域南部和靠近淮河干流的部分北部地区为荷载的高值区，是淮河流域降水变率最大、旱涝异常的敏感区域［图 3.13（a）］；第 1 个特征向量对应的时间系数序列的上升趋势较大，说明流域降水总量呈增加趋势。时间系数序列为正，说明流域整体降水总量偏多，时间系数序列为负，说明流域整体降水总量偏少。在 48 年的研究期内，共有 24 年降水总量偏多，但各年代差别明显，各年代降水总量偏多的年数分别为：20 世纪 60 年代 3 年、70 年代 5 年、80 年代 7 年、90 年代 5 年，特别应该注意的是，从 2000—2005 的 6 年间，淮河流域整体降水总量偏多的年数达到 4 年，这也说明了淮河流域整体降水总量的增加趋势［图 3.13（b）］。

淮河流域年降水总量的指标（PCPtot）EOF 第 2 个特征向量（EOF2）的方差贡献率是 16.564%，其基本特征是具有从东南向西北反向变化的结构特点，流域东南部为荷载的正值区，而面积更大的流域西北部为荷载的负值区，这意味着当流域东南部年降水总量偏多（少）时，流域西北部年降水总量偏少（多），体现流域南涝北旱或南旱北涝的特点［图 3.13（c）］。

淮河流域降水的空间格局主要是流域一致多雨或少雨的格局，流域降水总量呈上升趋势。淮河流域的降水也存在南北反相变化的空间格局，即南部多雨时北部少雨，南涝北旱或南旱北涝［图 3.13（d）］。

淮河流域年降水概率的指标（Ppr）EOF 第 1 个特征向量（EOF1）的方差贡献率达 66.366%，其基本特征是整个研究流域都为正值，说明年降水概率偏高或偏低在整个流域是一致的；空间差异主要是东西差异，流域西部（上游）荷载的高值区，是淮河流域年降水概率的高变率区［图 3.14（a）］；第 1 个特征向量对应的时间系数序列表明流域年降水概率呈弱的下降趋势［图 3.14（b）］。

淮河流域年降水概率的指标（Ppr）EOF 第 2 个特征向量（EOF2）的方差

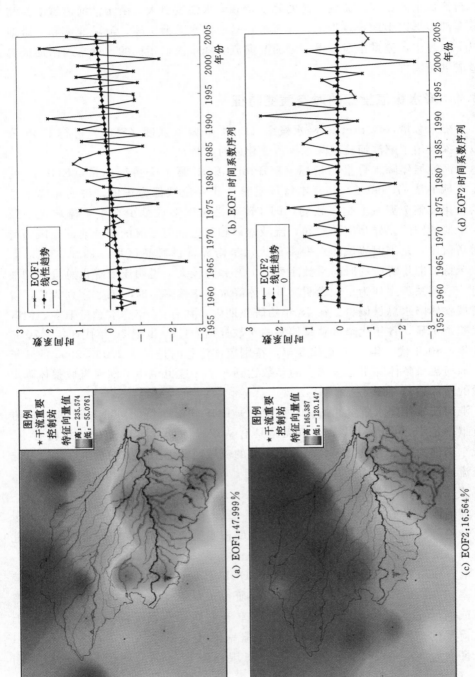

图 3.13　淮河流域表征年降水总量的指标（PCPtot）EOF 分析第 1 个和第 2 个特征向量空间分布及其对应的时间系数序列

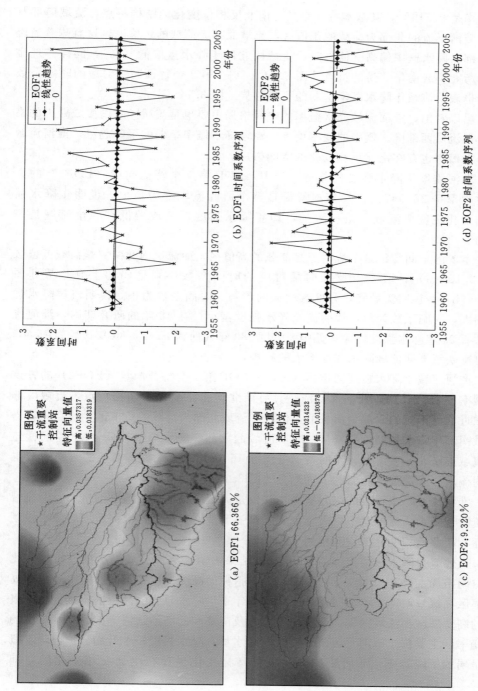

(b) EOF1 时间系数序列

(d) EOF2 时间分布及其对应的时间系数序列

(a) EOF1:66.366%

(c) EOF2:9.320%

图 3.14　淮河流域表征年降水概率的指标（Ppr）EOF 分析第 1 个和第 2 个特征向量空间分布及其对应的时间系数序列

贡献率是 9.319%，其基本特征是具有南北反相位变化的结构特点，流域南部及靠近淮河干流的北部为荷载的正值区，流域北部为荷载的负值区，这意味着当流域南部年降水概率偏高（低）时，流域西北部年降水量偏低（高），同样体现流域南涝北旱或南旱北涝的特点 [图 3.14 （c）]。第 2 个特征向量对应的时间系数序列也表明流域年降水概率呈弱的下降趋势 [图 3.14 （d）]。

可以看出，淮河流域降水概率的空间格局主要也是流域一致增多或减少的格局，但流域西部降水概率的变率更大，流域降水概率呈弱的下降趋势；淮河流域的降水概率也存在南北反相变化的空间格局。

淮河流域年降水强度的指标 （SDII） EOF 第 1 个特征向量 （EOF1） 的方差贡献率是 26.947%，其基本特征是整个研究流域都为负值，说明年降水强度的变化在整个流域上是一致的，即年降水强度偏高或偏低在整个流域是一致的。

主要的空间特征是干流附近是荷载的高值区，而流域南北两翼是荷载低值区 [图 3.15 （a）]。第 1 个特征向量对应的时间系数序列呈弱的上升趋势 [图 3.15 （b）]，说明流域降水强度有增加的趋势。时间系数为正，说明流域降水强度偏大，时间系数为负，说明流域降水强度偏小。在 48 年的研究期内，淮河流域共有 25 年降水强度偏大，其中 20 世纪 80 年代前为 10 年，80 年代后为 15 年，这也反映了淮河流域降水强度增大的趋势。

淮河流域年降水强度的指标 （SDII） EOF 第 2 个特征向量 （EOF2） 的方差贡献率是 15.213%，其基本特征是具有南北反相位变化的结构特点，流域南部及靠近淮河干流的北部为荷载的正值区，流域北部为荷载的负值区，这意味着当流域南部年降水强度偏高 （低） 时，流域西北部年降水总量偏低 （高），同样体现流域南涝北旱或南旱北涝的特点 [图 3.15 （c）]。第二模态对应的时间系数也表明流域年降水强度呈弱的下降趋势 [图 3.15 （d）]。

淮河流域降水强度的空间格局主要也是流域一致增大或减小的格局，但流域干流附近降水强度的变率更大，流域降水强度呈上升趋势；淮河流域的降水强度也存在南北反相变化的空间格局。

上述 3 个降水极值指标的 EOF 分析结果表明，淮河流域降水极值指标变化的空间格局主要是一致变化的格局，但各指标的高变率区并不同，降水总量的高变率区在流域南部及干流附近，大体与多年平均降水总量的高值区一致；降水概率的高变率区在流域西部，包括干流上游及南部和北部沙颍河上游；降水强度的高变率区主要位于淮河干流附近；流域降水量、降水强度呈上升趋势，但降水概率呈弱的下降趋势。淮河流域降水极值指标变化也存在南北反相变化的空间格局。

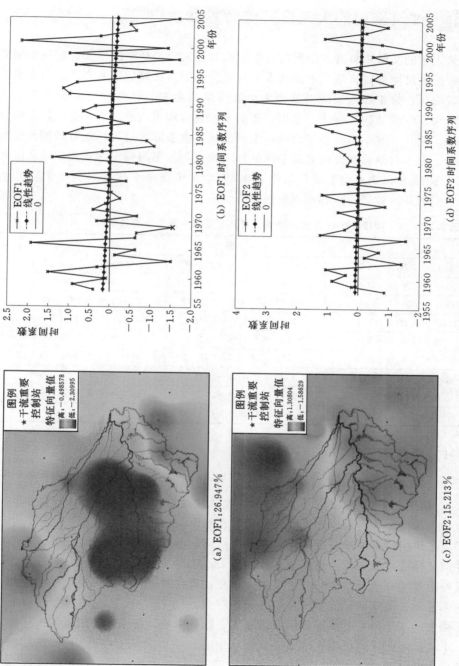

图 3.15　淮河流域年降水强度指标（SDII）EOF 分析第 1 个和第 2 个特征向量空间分布及其对应的时间系数序列

(a) EOF1:26.947%

(b) EOF1 时间系数序列

(c) EOF2:15.213%

(d) EOF2 时间系数序列

3.4　淮河暴雨的大尺度环流背景和水汽输送

从大量的文献资料看，中国的科学家们对淮河流域严重洪涝灾害相关的强降水过程的大尺度环流背景、不同纬度天气系统如中高纬度的阻塞高压、西太平洋副热带高压、热带环流系统对暴雨发生和持续的影响、高低空急流与暴雨的关系、降水系统的结构和特征、暴雨过程的水汽通道和水汽源地等都有过较多研究和成果。但从气候学角度系统地分析淮河流域历次强降水过程环流背景的研究相对较少。为了归纳总结淮河流域暴雨的环流特征，本书根据实际观测记录将淮河流域从 1949 年以来典型洪涝年份中找出 26 个集中强降水过程（表 3.3），着重分析它们的环流背景特点和水汽输送特征。

表 3.3　　　　1949—2009 年淮河流域洪涝年主要集中强降水事件统计

发　生　时　间		
1954 年 7 月 2—13 日	1965 年 7 月 31 至 8 月 4 日	2003 年 7 月 12—16 日
1954 年 7 月 16—24 日	1991 年 6 月 10—14 日	2003 年 7 月 19—21 日
1954 年 7 月 27—30 日	1991 年 6 月 29 至 7 月 11 日	2003 年 8 月 23—30 日
1956 年 6 月 3—11 日	1991 年 7 月 14—19 日	2005 年 7 月 5—10 日
1963 年 7 月 7—12 日	1991 年 7 月 24—29 日	2005 年 7 月 15—23 日
1963 年 7 月 25—30 日	1991 年 8 月 3—8 日	2005 年 7 月 27 至 8 月 3 日
1963 年 8 月 2—8 日	2003 年 6 月 20—23 日	2007 年 6 月 19—22 日
1965 年 6 月 30 至 7 月 3 日	2003 年 6 月 26—27 日	2007 年 6 月 30 至 7 月 9 日
1965 年 7 月 8—22 日	2003 年 6 月 29 至 7 月 10 日	

3.4.1　两高两低型

1954 年 7 月 2—13 日，欧亚大陆上空 500hPa 高度场呈现两高两低形势（图 3.16）。初期北半球中高纬度从西到东，里海北边有闭合高压存在，贝加尔湖附近有一个深槽存在，东边外兴安岭及其以北的西伯利亚地区存在阻塞高压，堪察加半岛东岸向日本岛延伸出一个东北—西南向的槽。此后里海附近的高压逐渐加强并向北推进，贝加尔湖附近的槽减弱消失，在贝加尔湖西边产生新的浅槽，外兴安岭附近的高压脊一度减弱，但始终存在，堪察加半岛东岸形成低压中心并逐渐向东移动，但原地形成新槽并始终稳定存在。到 7 月 8 日 08 时东欧平原上空存在强大的高压中心，贝加尔湖西边形成了低压中心，外兴安岭附近的高压较稳定，千岛群岛附近的低槽逐渐演变成低压中心。欧亚大陆上空 500hPa 高度场始终维持着两高两低的形势。至 7 月 12 日，高压中心和低压中心逐渐演变成高压脊和低压槽。

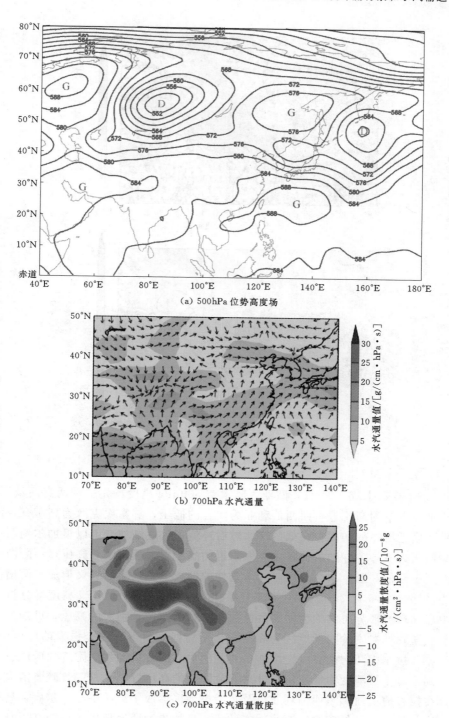

(a) 500hPa 位势高度场

(b) 700hPa 水汽通量

(c) 700hPa 水汽通量散度

图 3.16（一）　两高两低型和水汽输送示意

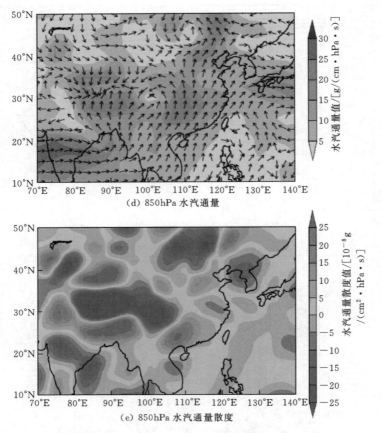

(d) 850hPa 水汽通量

(e) 850hPa 水汽通量散度

图 3.16 （二）　两高两低型和水汽输送示意

　　1954 年 7 月 16—24 日，欧亚大陆上空 500hPa 高度场先呈现两高两低形势，东欧平原上空为高压脊，西西伯利亚为闭合的低压，鄂霍次克海为高压脊，西北太平洋靠近沿岸的洋面存在低压槽。然后环流形势逐渐演变为以贝加尔湖西边的切断低压为主导，伴随着鄂霍次克海附近的高压脊。然后随着高压脊不断向高位延伸至中西伯利亚，东西伯利亚向南延伸的低压槽，环流形势又形成了两槽两脊形势。1991 年 6 月 29 日至 7 月 11 日，从欧亚大陆上空 500hPa 高度场分析，初期中高纬环流形势可归纳为两高两低。乌拉尔山西边是强大的高压，贝加尔湖附近是低压，外兴安岭附近地区为高压脊，千岛群岛附近有一个强大的低压中心。此后，乌拉尔山西边的高压先增强再减弱消失，同时贝加尔湖附近的低压也再减弱，到 7 月 4 日演变为低压槽，外兴安岭附近的高压脊到 7 月 5 日减弱消失，次日，在拉普捷夫海和东西伯利亚海及其沿岸地区形成了高压中心。尔后，乌拉尔山西边移动过来的低压槽逐渐演变成低压，贝加尔湖西边形成了一个高压脊，贝加尔湖附近的低压与千岛群岛附近的低压连接为一体，极地高压先有所增强再有所减弱。整个过程中，西太平洋副热带高压控制范围大，强度强。

1991 年 7 月 24—29 日，欧亚大陆上空 500hPa 高度场，初期高纬存在一个低压中心，乌拉尔山附近存在一个高压脊，巴尔喀什湖和库页岛附近存在低压，鄂霍次克海上空是高压脊，随后极地低压分裂成两个低压中心，一个向西移动，一个东移出境，乌拉尔山附近的高压脊不断东移，巴尔喀什湖附近的低压消散，库页岛附近的低压消散但附近又有新的低压生成，移动到堪察加半岛的高压脊向高纬发展，形成阻塞形势。极地低压西移到喀拉海开始减弱并最终消散，中纬度贝加尔湖附近为高压脊，外兴安岭以及我国内蒙古地区存在两个低涡，其东边日本岛及库页岛附近为高压脊，再向东的洋面上是低压中心，东亚中高纬度环流形势可归纳为两高两低。西太平洋副热带高压非常强大，一度控制我国内陆，其后退回到洋面上。

3.4.2　单阻型

1954 年 7 月 27—30 日，欧亚大陆上空 500hPa 高度场中西伯利亚上空的阻塞高压稳定维持，乌拉尔山附近存在闭合的低压，鄂霍次克海附近存在低压槽。西太平洋副热带高压控制面积大，强度高。1963 年 7 月 7—12 日，欧亚大陆上空 500hPa 高度场，初始形势是高纬巴伦支海和拉普捷夫海存在较强的低压，中西伯利亚有阻塞高压存在，其南方贝加尔湖附近存在着两个切断低压。其后阻塞高压开始崩溃，高纬度两个低压发展壮大，中纬度产生多个短波槽脊。然后高纬度两个低压连接合并成一个低压，并逐渐向西倒退，中纬度为两高两低形势，乌拉尔山附近为高压，贝加尔湖附近为低压槽，我国东北为高压脊，堪察加半岛附近为低压。低纬度从 7 月 11 日开始有南支槽活动。1963 年 7 月 25—30 日，欧亚大陆上空 500hPa 高度场，初期东欧平原上空存在高压脊，乌拉尔山和西西伯利亚存在两个低压中心，中西伯利亚存在阻塞高压，东西伯利亚存在低压中心。其后东欧平原上空高压脊发展成为高压，乌拉尔山和西西伯利亚附近的两个低压演变成为深厚的低槽，中西伯利亚的阻塞高压一度减弱，东西伯利亚的低压中心移动到勘察加半岛。7 月 29 日，西西伯利亚的低槽发展成为低压中心，中西伯利亚的阻塞高压重建。1963 年 8 月 2—8 日，欧亚大陆上空 500hPa 高度场环流形势呈现出"单阻型"（图 3.17）。乌拉尔山附近存在低压中心，切尔斯基山附近存在阻塞形势，在阻塞形势常常有切断低压伴随，有时得到发展强度很强。其后，乌拉尔山附近的低压减弱以后，又有低压中心移动过来，切尔斯基山附近的阻塞形势崩溃以后，贝加尔湖附近阻塞形势重新建立，环流形势始终保持"单阻型"。

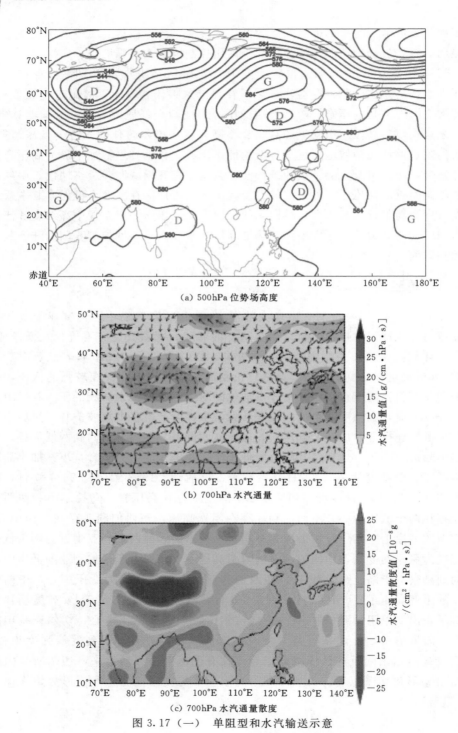

(a) 500hPa 位势场高度

(b) 700hPa 水汽通量

(c) 700hPa 水汽通量散度

图 3.17 (一)   单阻型和水汽输送示意

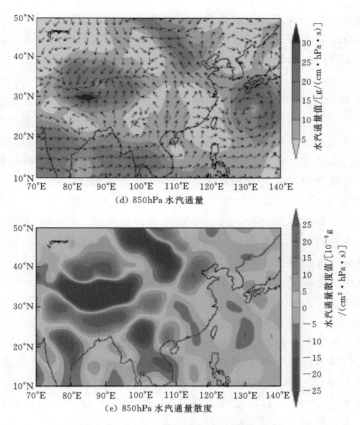

(d) 850hPa 水汽通量

(e) 850hPa 水汽通量散度

图 3.17（二）　单阻型和水汽输送示意

　　1965 年 7 月 31 日至 8 月 4 日，欧亚大陆上空 500hPa 高度场，环流形势的主要特征是拉普捷夫海附近的阻塞高压稳定维持，其南方的切断低压控制范围巨大，包括贝加尔湖附近地区，鄂霍次克海，堪察加半岛附近地区。8 月 3 日里海附近高压脊开始发展增强，乌拉尔山以东至我国东北的中纬度带分布着多个小的低压中心，勘察加半岛附近的低压较强，东西伯利亚的阻塞高压强度有所减弱。1991 年 7 月 14—19 日，欧亚大陆上空 500hPa 高度场，初期欧亚大陆上空中高纬环流的主要特征是北冰洋沿岸地区存在一个很强的阻塞高压，中纬度西风带分布着三个低压中心，分别位于乌拉尔山附近、贝加尔湖及白令海。随着环流形势的演变，阻塞高压逐渐减弱与低纬度的高压脊连接，乌拉尔山附近的低压较稳定，贝加尔湖附近的低压减弱，白令海上空的低压东移出境，并且千岛群岛附近生成新的低压槽。随后，阻塞高压消散，中纬度西风带形成多个短波槽脊。整个过程中西太副高异常强大，副高主体常常深入我国内陆。1991 年 8 月 3—8 日，欧亚大陆上空 500hPa 高度场中高纬环流形势可归纳为单阻型。乌拉尔山附近存在一个强大的低压，在东西伯利亚存在阻塞高压，并稳定维持，其周围外兴安岭和千岛群岛附近常常有切断低压伴随，从日本海到黄海并延伸到我国内陆存在一条横槽。西太平洋副热带高压初期非常强大，一度控制我国整个南方，尔后退回到洋面上。

2003年6月20—23日，欧亚大陆上空500hPa高度场中高纬环流的主要特征是西西伯利亚阻塞高压的建立和维持。乌拉尔山西边是低压槽或低压中心，其东边是高压脊，随后发展成为阻塞高压，贝加尔湖以及上扬克斯山附近地区上空存在一个控制范围广大的低压或低压槽，堪察加半岛附近为高压脊，环流形势可归纳为两高两低。中期千岛群岛附近逐渐形成了阻塞形势，并生成了切断低压。

2003年6月26—27日，欧亚大陆上空500hPa高度场中高纬环流的主要特征是西西伯利亚存在阻塞高压，乌拉尔山西边存在低压，贝加尔湖附近存在深厚的斜槽，日本附近存在两个低压。随着环流的演变，阻塞高压有所减弱，贝加尔湖附近的槽演变成切断低压，不断发展壮大，并与乌拉尔山西边的低压连接，日本附近的低压向东移动。

2003年7月19—21日，欧亚大陆上空500hPa高度场中高纬环流形势的主要特征是单阻型。外兴安岭、贝加尔湖附近地区存在较强的阻塞高压，其他地区，如乌拉尔山附近，西西伯利亚，鄂霍次克海附近，都被低压中心或者低压槽占据。西太副高偏强，在整个过程中，面积增大，西伸脊点最大超过了110°E，副高脊线位于20°N～30°N之间。

2003年8月23—30日，欧亚大陆上空500hPa高度场，初期中高纬环流主要特征是西伯利亚地区形成了阻塞形势，在上扬斯克山和鄂霍次克海附近为低压中心，西太副高异常强大，控制大半个中国，西伸脊点达到80°E。次日开始，阻塞形势演变成高压脊，上扬斯克山附近的低压移动到外兴安岭附近，鄂霍次克海附近的低压逐渐东移出境，西太副高逐渐向东撤退，但仍然控制我国江淮和江南地区。28日开始，堪察加半岛附近高压脊发展，外兴安岭附近的低压移动至鄂霍次克海，西太副高东退，最西端影响我国沿海省份。

2005年7月5—10日的降水过程中，前3日，欧亚大陆上空500hPa高度场中高纬环流主要特征是单阻型，西伯利亚地区的高压脊形成阻塞形势，乌拉尔山西边是低压中心，贝加尔湖附近，以及我国东北、日本海、鄂霍次克海附近是低压带。从7月8日开始，等高线逐渐向东倾斜，北冰洋沿岸产生的低压逐渐与乌拉尔山附近的低压连接，演变成深厚的低压槽，贝加尔湖附近的高压脊向东倾斜，从堪察加半岛到千岛群岛，到我国东北分布一条低压带。西太副高异常强大，控制西北太平洋大片洋面，副高主体延伸到我国江南地区，副高脊线位于20°N附近。2007年6月30日至7月9日，欧亚大陆上空500hPa高度场分析，初期西伯利亚的低压中心是中高纬环流的主要特征，其左侧的高压不断发展向高纬延伸，随后被西边移动过来的低压槽切断，西伯利亚上空形成了阻塞形势，同时贝加尔湖以东地区，常有短波槽脊活动，我国东北常常形成小的低压中心，并东移到千岛群岛附近。西太副高偏强，前期控制了我国南方，后期退回到太平洋上。

2005年7月15—23日的降水过程中，从开始到7月20日，欧亚大陆上空500hPa高度场中纬度环流高低相间地分布，乌拉尔山附近为高压脊，巴尔喀什湖附近为低压或低压槽，贝加尔湖附近为高压脊，中西伯利亚到外兴安岭为低压，鄂霍次克海为高压脊，西太副高位置偏强偏北，控制了我国中东部地区，其中包括了华北东北地区。从7月21日开始，乌拉尔山附近的高压脊形成阻塞形势，巴尔喀什湖附近的低压逐渐演变成切断低压，东亚鄂霍次克海、日本海、菲律宾群岛东边，形成了一条低压带，副高单体中心位于黄海和朝鲜半岛。

2005年7月27日至8月3日，欧亚大陆上空500hPa高度场，初期高纬存在极地低压，中纬度是高低相间的分布，乌拉尔山附近为高压脊，巴尔喀什湖附近为低压，贝加尔湖附近为高压脊，我国东北以及日本海是低压槽，千岛群岛附近为高压脊。随后环流调整，再乌拉尔山以东直到贝加尔湖地区形成了阻塞形势。从8月1日开始，中纬度环流又恢复了初期高低相间的分布。整个过程中西太副高偏北偏强。

3.4.3　双阻型

1965年6月30日至7月3日，欧亚大陆上空500hPa高度场中高纬呈现出"双阻型"（图3.18）。乌拉尔山附近存在高压脊，中西伯利亚上空是低压中心，东西伯利亚存在阻塞高压，附近鄂霍次克海的切断低压伴随存在。低纬度前两日有南支槽活动。西太平洋副高非常强大，控制面积广，常常西伸到我国沿海省份，强度超过5920gpm（位势米）。1965年7月8—22日，欧亚大陆上空500hPa高度场，初期中高纬呈现出两槽两脊形势，乌拉尔山附近为高压脊，贝加尔湖附近为低压槽，并演变成低压，库页岛附近为高压脊，楚科奇半岛附近为低压中心，低纬度孟加拉湾有低槽活动，西太副高常常延伸到我国大陆沿岸，副高脊线稳定在30°N左右。其后乌拉尔山附近的高压脊被低压切断，孤立于高纬度，库页岛附近的高压脊变弱，西风带中形成多个闭合的低压中心。尔后乌拉尔山附近和库页岛的高压脊再度发展起来，而楚科奇半岛附近的低压逐渐东移出境，西太副高增强，主体控制我国东南沿海省份。其后，一个低压槽东移到东欧平原上空并演变成低压中心，巴尔喀什湖附近的高压脊较弱，西伯利亚被两低压占据，库页岛附近为高压脊，形成了两高两低的形势，西太副高继续西伸，西伸脊点越过110°E。

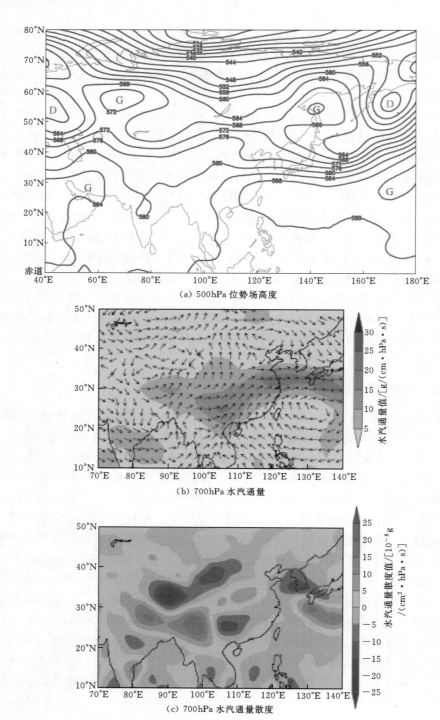

(a) 500hPa 位势场高度

(b) 700hPa 水汽通量

(c) 700hPa 水汽通量散度

图 3.18（一） 双阻型和水汽输送示意

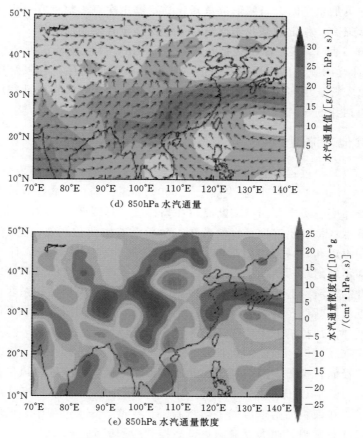

(d) 850hPa 水汽通量

(e) 850hPa 水汽通量散度

图 3.18（二） 双阻型和水汽输送示意

2003 年 6 月 29 日至 7 月 10 日，初期欧亚大陆上空 500hPa 高度场中高纬环流形势呈现出双阻型形势（图 3.18）。乌拉尔山附近和鄂霍次克海附近存在高压脊，它们中间的贝加尔湖附近地区为深厚的低压槽。从 7 月 4 日开始，东欧平原上空有高压脊向东移动至乌拉尔山，乌拉尔山附近的高压脊东移至贝加尔湖附近，鄂霍次克海附近的高压脊依然维持，高压脊之间存在着低压槽或者闭合中心，这样形成高低相间的分布。末期，乌拉尔山附近的高压脊发展向高纬度延伸，西西伯利亚和外兴安岭地区低压发展壮大，贝加尔湖附近的高压脊减弱，再加上鄂霍次克海高压脊维持，再次形成双阻型形势。

2003 年 7 月 12—16 日，欧亚大陆上空 500hPa 高度场中高纬环流形势主要特征是双阻型。初期在东欧平原、拉普捷夫海沿岸上空存在阻塞形势，西西伯利亚的低涡稳定维持，外兴安岭、库页岛、阿留申群岛附近常有小的低压生成。随后北欧形成了阻塞高压，其南方形成了切断低压，拉普捷夫海沿岸上空的阻塞形势崩溃，在贝加尔湖附近阻塞形势重新建立，鄂霍次克海附近常有低压活动。西太副高异常强大，稳定控制我国南方，一度西伸至青藏高原地区。

2007 年 6 月 19—22 日，欧亚大陆上空 500hPa 高度场环流形势呈现出"双阻型"。北冰洋的新地岛附近和东西伯利亚海沿岸附近都存在着阻塞形势，西伯利亚、外兴安岭、堪察加半岛附近存在低压中心。西太副高控制面积广大，控制地区常常包括我国长江以南地区。

3.4.4　其他环流型

还有一些暴雨过程对应的大气环流背景变化较特殊，无法归入特定的类型。如 1956 年 6 月 3—11 日，欧亚大陆上空 500hPa 高度场，中高纬有冷空气团被切断滞留在低纬度，暖空气团被切断滞留在高纬度，形成多个孤立的闭合中心，因此中高纬高度场呈现出三槽三脊的形势。然后随着中西伯利亚阻塞高压的削弱，巴尔喀什湖附近和外兴安岭附近的切断低压发展壮大，至 6 月 7 日 14 时合并，形成了贝加尔湖附近切断低压为主导，伴随着东欧平原上空的高压，以及鄂霍次克海高压脊的环流形势。之后，鄂霍次克海高压脊向北发展控制东西伯利亚，贝加尔湖附近的切断低压分裂为两个，一个位于巴尔喀什湖附近，一个位于贝加尔湖附近。低纬孟加拉湾低槽较强，至 6 月 10 日以后消散。

1991 年 6 月 10—14 日，欧亚大陆上空 500hPa 高度场分析，前期高纬存在一个强大的极涡，覆盖中西伯利亚及北冰洋沿岸地区，中纬度西风带存在多个小的低压中心。6 月 12 日开始极涡分裂成三个低压中心，中纬度西风带的低压演变成短波槽，在库页岛附近形成了切断低压。在整个降水过程中，低纬度孟加拉湾低压槽强度非常强，西太平洋副热带高控制面积巨大。

3.5　致洪暴雨成因

根据上述暴雨分类和气候环流背景分析，淮河流域暴雨主要类型为梅雨型、台风型、局地暴雨型。流域中游地区因梅雨锋降水（包括上游暴雨、地形原因）而形成洪水，淮北平原因地势平坦易内涝；下游及洪泽湖周边区因梅雨锋强降水和低洼平坦地形易形成涝灾。在洪涝灾害中，以梅雨降水为主，台风暴雨相对较少。具体根据环流气候背景按成因可分为以下类型。

3.5.1　梅雨型

梅雨型暴雨一般出现在 6 月、7 月，以 7 月为主，其中 7 月上旬是集中强降水高发期。梅雨型暴雨的特点是范围广、雨量大、历时长，几乎每个大水年份都出现接近 10d 或大于 10d 的强降水过程（如 1954 年、1965 年、1991 年、2003

年和 2007 年等），直接造成流域性大洪涝。

1. 1954 年 7 月 2—13 日

欧亚大陆上空 500hPa 高度场，乌拉尔山附近是阻塞高压，巴尔喀什湖到贝加尔湖是长波槽，雅库茨克附近是阻塞高压，形成了典型的梅雨形势。4 日、5 日、8 日和 9 日我国东北有切断低压活动。2 日长波槽位于贝加尔湖，3 日以后中西伯利亚到巴尔喀什湖新形成一条长波槽，到 8 日位置有所东移，9 日以后退回巴尔喀什湖附近。副高脊线稳定在 20°～25°N，西伸脊点位于 115°～125°E。

2 日和 3 日，欧亚大陆上空 500hPa 高度场上中纬度有短波槽移动到我国华北地区和淮河流域，4 日东移入海。5 日、6 日青藏高原东侧有短波槽活动，7 日青海和晋陕分别有一个短波槽，8 日晋陕附近的短波槽东移加深，9 日、10 日青藏高原及其东侧有两短波槽活动，10 日以后青藏高原东侧有一低涡东移。700hPa 高度场上，2—6 日青海地区每天都有低涡出现，7 日、8 日、9 日四川有低涡出现，10 日，淮河北侧的偏东气流与淮河南侧的西南气流形成切变线，川地有西南涡生成并东移，切变线西端与西南涡相连接，低涡切变线形势建立。11 日开始我国北方形成一个陆地高压，低涡沿副高与大陆高压之间的低压带东移，11 日移动至湖北，切变线同时南压至长江流域。在 850hPa 风场上，2 日低空急流穿过淮河流域西部，3 日低空急流轴方向偏东，直至 9 日，低空急流核位于淮河流域南部，或者位于长江流域，10 日以后，低空急流位于华南地区（图3.19）。

2. 1954 年 7 月 16—24 日

欧亚大陆上空 500hPa 高度场，乌拉尔山地区是阻塞高压，西西伯利亚到贝加尔湖地区是长波槽，鄂霍次克海地区是阻塞高压，形成了典型的双阻型形势。副高非常弱小。

16 日，欧亚大陆上空 500hPa 高度场上我国陕西附近有一短波槽正在东移，东移过程中不断发展加深，影响到长江以南，17 日槽线由华北指向湖南，华北地区形成了闭合低压。在 700hPa 高度场和 850hPa 风场上仍受到加深的短波槽影响。上述短波槽移动到渤海湾之后，稳定少动，在渤海湾地区发展成闭合低压，同时欧亚大陆上空 700hPa 高度场上也渐渐形成闭合低涡，22 日低涡后部的偏北气流与西南气流在淮河流域北部形成冷切变线。16 日、17 日低空急流位于长江中游以南和长江下游地区，20 日、21 日、22 日低空急流位于江南地区，急流核位于华南。

3. 1956 年 6 月 3—11 日

欧亚大陆上空 500hPa 高度场上，3 日和 4 日贝加尔湖西北侧是阻塞高压，其两侧西西伯利亚和贝加尔湖至雅库茨克地区分别是长波槽区，然后环流逐渐调整，6—10 日贝加尔湖西北侧的阻高减弱西退，前期西西伯利亚地区的低槽演变

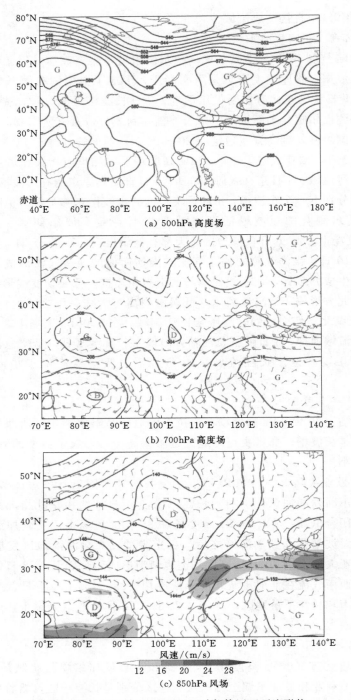

(a) 500hPa 高度场

(b) 700hPa 高度场

风速/(m/s)

12　16　20　24　28

(c) 850hPa 风场

图 3.19　1954 年 7 月 6 日 0 时各等压面环流形势

成切断低压，贝加尔湖东侧的冷涡发展壮大，并有所西移，鄂霍次克海地区的高压脊不断发展形成了阻塞高压，这样欧亚大陆中高纬形成了两脊一槽的双阻形势，11日环流再次调整为两槽一脊型。3—7日副高脊线位于25°N左右，西伸脊点位于125°～110°E，8日以后副高退至太平洋深处。

6月3日，欧亚大陆上空500hPa高度场上在青藏高原东侧有一个短波槽东移，在700hPa高度场和850hPa风场上都能看出四川地区有一个强烈的低涡，低涡向东北方向移动，至5日减弱消散，3日低涡影响到河南地区，850hPa风场在低涡的东南侧始终有低空急流存在，3日淮河流域的暴雨过程，暴雨区位于豫东、鲁西和皖西北。6—9日陆续有高空槽和低涡移动经过黄淮流域，10日和11日低涡切变线影响江淮流域，6—11日850hPa上低空急流位于华南。

4. 1965年6月30日至7月3日

欧亚大陆上空500hPa高度场上，乌拉尔山到西西伯利亚是高压脊，贝加尔湖北部是长波槽，鄂霍次克海附近地区是高压脊。副高偏强，脊线位于25°N左右，西伸脊点初期位于110°～115°E，然后逐渐东退。

欧亚大陆上空700hPa高度场上中纬度西风带有高空槽经过我国大陆，7月2日和3日，高空槽移动到江淮地区，850hPa风场上前两日低空急流位于华南，后两日低空急流位于长江下游。

5. 1965年7月8—22日

1965年7月上旬末，欧亚大陆上空500hPa高度场上中高纬呈两脊一槽的环流形势，乌拉尔山是高压脊，贝加尔湖是长波槽，鄂霍次克海是高压脊。14—18日，乌拉尔山附近是高压脊，巴尔喀什湖至雅库茨克之间是低压槽区，泰梅尔半岛附近是阻塞高压维持，鄂霍次克海是高压脊。20—22日环流形势调整为两槽两脊，乌拉尔山附近是强烈低涡，西西伯利亚是高压脊，贝加尔湖附近是低压槽区，鄂霍次克海是高压脊。8—14日副高脊线位于25°～30°N，西伸脊点位于130°E，14—20日副高加强西伸，脊线南退至20°～25°N，西伸脊点维持在110°E左右，20日以后副高减弱东退。

欧亚大陆上空700hPa高度场上，7月8—12日，蒙古东部以及我国东北有低压维持，低压后部冷空气南下与西南暖湿气流交汇于黄淮，13日和14日，我国西北小高压与副高对峙，两者之间狭长低压带内有东北—西南向切变线。16日有短波槽移动至青甘川附近，18日青甘川地区有低涡生成，黄淮地区的冷切变线与低涡连接，19—22日我国西北再次形成高压，大陆高压与副高之间的低压带内有东北—西南向切变线，切变线横跨鲁豫陕川。850hPa风场上，长江中游南边常常有低空急流活动。

6. 1991年6月10—14日

欧亚大陆上空500hPa高度场，高纬是强大的极涡盘踞，前期乌拉尔山、贝加尔湖和鄂霍次克海分别是高压脊，他们之间是低压槽，12 日以后环流逐渐调整为两脊一槽，乌拉尔山到西西伯利亚地区是高压脊，贝加尔湖地区是长波槽，雅库茨克到鄂霍次克海地区是高压脊。副高脊线位于 20°～25°N，西伸脊点位于 100°～115°E，过程中副高有所西伸。

10 日，欧亚大陆上空 500hPa 高度场上中纬度在我国陕西四川附近有一条短波槽，槽在东移过程中发展加强，700hPa 高度场上也可看出有短波槽移动至华北，发展成闭合低涡，并向东移动，低涡后部的冷空气与副高西北侧的西南气流在淮河流域附近交汇，850hPa 风场上低空急流穿过淮河流域，急流轴从华南指向淮河流域，10 日暴雨区位于豫西南，11 日位于鲁东南。12 日，500hPa 高度场上青海地区有短波槽东移，700hPa 高度场上在青海形成了闭合低涡，低涡不断向东移动，14 日移动至淮河流域，同时蒙古地区有横槽，引导冷空气南下，850hPa 风场上低空急流位于长江以南，暴雨区位于淮河流域的中部和南部。

7. 1991 年 6 月 29 日至 7 月 11 日

前期，欧亚大陆上空 500hPa 高度场，乌拉尔山地区是阻塞高压，西西伯利亚到贝加尔湖地区是低压，雅库茨克地区是高压脊，鄂霍次克海地区是强烈的低涡，7 月 3 日以后，乌拉尔山阻塞高压减弱消散，雅库茨克高压脊逐渐发展为阻塞高压，并不断向高纬发展，至 6 日，乌拉尔山到贝加尔湖地区是宽广的长波槽区，雅库茨克到东西伯利亚是稳定、强大的阻塞高压，阻高南侧是鄂霍次克海低涡。整个过程的环流形势可概括为双阻型演变成单阻型。副高较强，过程中脊线位于 20°～25°N，西伸脊点位于 100°～110°E。

欧亚大陆上空 700hPa 高度场上，6 月 29 日至 7 月 2 日，东北低涡后部的西北气流与副高西侧的西南气流形成冷切变线，2—4 日有高空槽经过淮河流域，5—7 日有西南涡移动至淮河流域，并发展加深，8 日以后陆续有高空槽经过淮河流域。6 月 30 日至 7 月 9 日，850hPa 风场上低空急流非常活跃，急流核位于长江中下游或者江南地区。

8. 2003 年 6 月 20—23 日

欧亚大陆上空 500hPa 高度场，乌拉尔山附近是长波槽并不断东移，西西伯利亚北部是强大的阻塞高压稳定维持，贝加尔湖以东至俄罗斯远东有一个强大的低涡减弱成低压槽，鄂霍次克海地区是高压脊。副高脊线稳定在 20°～25°N，过程中副高加强西伸，西伸脊点最终到达 110°E。

欧亚大陆上空 500hPa 高度场上减弱东移的东欧低槽，于 20 日并入贝加尔湖低槽中，低槽南段沿中纬度峰区逐日东移，22 日 0 时移动至河套地区，在 700hPa 高度场上河套地区生成了一低涡，22 日 12 时移动至黄河下游。21 日 0 时副高西北侧的西南气流与北边的东南气流在淮河流域形成暖切变线，22 日 12 时移动到黄河下游的低涡与暖切变线相连接，低涡切变线是这次大暴雨的中低层主要影响系统。22—23 日低涡后部的偏北气流与北上的西南气流形成冷切变线。850hPa 风场，22 日开始，西南低空急流明显加强，22 日 18 时是低空急流的最强盛时段，急流核位于淮河流域南部和长江下游地区，急流核穿过淮河流域南侧。暴雨主要出现在由冷暖切变线和低涡组成的"三合点"附近，并偏在低空急流一侧，暴雨区主要位于鲁、豫、皖、苏四省交界处。

9. 2003 年 6 月 29 日至 7 月 10 日

欧亚大陆上空 500hPa 高度场，乌拉尔山到西西伯利亚是阻塞高压脊，乌拉尔山西侧和贝加尔湖附近地区分别是低压槽区，鄂霍次克海附近是阻塞高压脊，形成了典型的双阻型梅雨形势。西太副高脊线稳定在 20°～25°N，西伸脊点在 120°～100°E 振荡。

欧亚大陆上空 700hPa 高度上，6 月 29 日有低压扰动经过黄淮地区，30 日有低涡穿过黄淮地区入海，7 月 1 日和 2 日有高空槽经过黄淮地区，850hPa 风场上 6 月 29 日至 7 月 1 日低空急流位于华南，7 月 2 日低空急流向北推进至长江流域。700hPa 高度场上，3—5 日我国东北存在低涡，我国西北存在西风带高压脊，同时有高空槽经过江淮，偏北气流与西南暖湿气流形成了从山东至川渝的东北-西南向切变线，低空 4 日和 5 日西南急流位于长江下游。6—10 日，700hPa 高度场上华北低涡发展加深向东北移动，其后部偏北气流与副高西侧的暖湿西南气流交汇，850hPa 风场上 8—10 日长江下游以及长江以南地区有低空急流活动。

3.5.2　深槽型

1. 1963 年 7 月 7—12 日

欧亚大陆上空 500hPa 高度场上，初期欧洲高纬和亚洲高纬分别有一个低涡，贝加尔湖北部是阻塞高压，其两侧分别是长波槽，8 日环流开始调整，高纬两低涡相向而行 11 日合并为一体，与此同时，乌拉尔山高压脊发展，初期位于乌拉尔山的低槽东移至贝加尔湖，初期位于贝加尔湖北部的阻高减弱东移，至库页岛附近成为高压脊，至 11 日中纬度形成两脊一槽的环流形势。因此整个过程是中阻型过渡到双阻型。副高偏东偏北，主体位于日本岛以南，脊线位于 25°～30°N。

欧亚大陆上空 700hPa 高度场上，蒙古西部有一个闭合低压稳定维持，其南方直到副热带均是低槽区，我国东部是小高压脊，低槽东移受阻，一直稳定在当地。850hPa 风场，低槽槽前常常有低空急流自南向北穿过淮河流域西侧。

2. 1963 年 7 月 25—30 日

欧亚大陆上空 500hPa 高度场上，初期中西伯利亚是阻塞高压，乌拉尔山到贝加尔湖是长波槽，鄂霍次克海附近是长波槽，然后西风带各系统东移，至 28 日巴尔喀什湖附近地区是长波槽，贝加尔湖到雅库茨克是阻塞高压，堪察加半岛是强烈的低涡。副高偏强位于 30°N 以北，控制日本岛。

25—26 日，欧亚大陆上空 500hPa 高度场上中纬度有短波槽移动到黄河下游并发展加深，700hPa 高度场上我国东北是闭合低涡，其后部冷空气南下与暖湿气流交汇。27 日，700hPa 高度场上东北低涡东移，我国东部高压脊向北发展，青藏高原是大陆高压，两者之间是南北向深槽，其后深槽型环流型稳定维持。850hPa 风场上，25 日、26 日低空急流位于长江中游南边，急流核位于湖南，27—30 日长江中游以及华北都有低空急流出现。

3. 1963 年 8 月 2—8 日

欧亚大陆上空 500hPa 高度场，欧亚大陆中高纬主要特征是东高西低，贝加尔湖至雅库茨克是阻塞高压，乌拉尔山至西西伯利亚是长波槽区。中纬度日本海附近有高压在过程中稳定维持，我国西北地区以及青藏高原常常有陆地高压，陆地高压与日本海高压、副高之间是南北向的深槽。副高较弱位于日本岛附近（图3.20）。

欧亚大陆上空 700hPa 高度场上我国东部是高压脊，我国西北地区以及青藏高原是高压，两者之间是狭长南北向低压带，蒙古国西部有闭合低压稳定维持，低压带内存在切变线，过程中有西南涡沿切变线北上。850hPa 风场上，蒙古国西部和我国甘肃、四川、贵州、云南是高压之间的南北向低槽区，槽前低空急流非常活跃，每日低空急流从南向北穿过淮河流域西部。暴雨区主要位于河南以及山东西部。

3.5.3　江淮切变线型

3.5.3.1　东西向切变线

1. 1991 年 7 月 14—19 日

欧亚大陆上空 500hPa 高度场上，西西伯利亚北部至雅库茨克之间的地区是阻塞高压，乌拉尔山地区是长波槽区，鄂霍次克海到日本海也是低压槽区。副高偏强，控制江南地区，甚至西伸至青海新疆，脊线位于 25°N 左右，19 日北抬至 30°N。

14—15 日，欧亚大陆上空 500hPa 高度场上贝加尔湖地区的切断低压中分裂出一个闭合低压进入我国东北，16 日移入日本海，700hPa 高度场上东北有低涡，蒙古地区是小高压，陆地高压脊与副高之间是低压带，低压带内东西向切变线位于淮河流域北侧，西端连接青海低涡。850hPa 风场上，低空急流经过粤、湘、赣、鄂，到达淮河流域西部，急流核位于湘、鄂。17—18 日，500hPa 高度场上蒙古西部有一个短波槽东移，18 日移动至黄河下游，并向东北移动，700hPa 高度场上蒙古地区有一个向我国东北移动的闭合低压，低压后部的偏北气流南下与西南暖湿气流交汇。

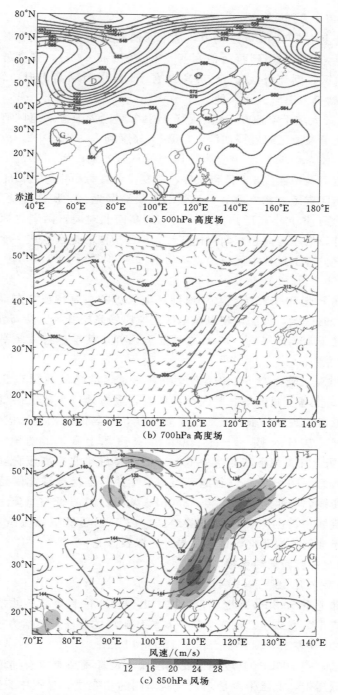

(a) 500hPa 高度场

(b) 700hPa 高度场

风速/(m/s)

12 16 20 24 28

(c) 850hPa 风场

图 3.20 1963 年 8 月 3 日 18 时各高度层环流形势

2. 1991 年 8 月 3—8 日

欧亚大陆上空 500hPa 高度场上，从中西伯利亚到东西伯利亚是强大的阻塞高压稳定维持，乌拉尔山到西西伯利亚是长波槽。3—4 日，副高异常强大，控制我国江南地区，副高脊线位于 25°N 左右，5 日以后副高南退，脊线位于 20°N，7 日以后副高东退至大洋深处。

3 日，欧亚大陆上空 500hPa 高度场上中纬度，我国晋陕地区有高空槽正在东移，移动至黄淮地区时发展加深，700hPa 高度场上，我国华北是大陆小高压，黄淮流域有一条东西向的冷切变线，切变线从日本海—胶州半岛—淮河流域北部，并且与西南涡相连接，4 日和 5 日，切变线位置有所南移。5 日，500hPa 高度场上青海地区有短波槽东移，6 日移动至陕渝鄂地区，8 日移动至皖赣地区，700hPa 高度场上华北小高压稳定维持，与副高南北对峙，两者之间是一条东西向狭长低压带，低压带内是东西向切变线，6 日陕豫湘地区生成一个低涡，低涡沿切变线东移。整个过程中低空急流不活跃（图 3.21）。

3. 2003 年 7 月 12—16 日

欧亚大陆上空 500hPa 高度场中高纬环流形势的主要特征是东高西低，西西伯利亚是强大的低涡，贝加尔湖以东地区是宽广的高压脊。副高异常强大，西伸脊点前期处于 105°E 左右，15 日之后加强西伸，甚至越过青藏高原，副高脊线位于 25°N 左右。

12 日，欧亚大陆上空 500hPa 高度场有一条短波槽从我国东北延伸至渤海湾，700hPa 高度场上我国华北地区是高压脊，渤海地区生成了一低涡，淮河流域的偏西气流与北边的偏东气流形成了切变线，并与低涡相连形成低涡切变线，系统不断东移，次日入海。14 日，500hPa 高度场上我国北方有短波槽活动，700hPa 高度场上在黄河下游新生一低涡，低涡穿过华北小高压脊底部，并不断东移，然后入海。16 日，四川盆地有西南涡生成，淮河流域北侧延伸到四川形成了一条切变线，与西南涡相连接。850hPa 风场，12 日低空急流最强盛，急流核位于长江流域中游的南侧以及下游地区，13 日以后低空急流减弱或者消失。暴雨落区位于淮河流域北部，鲁苏交界处，以及豫北。

3.5.3.2　东北—西南向切变线

1. 2003 年 7 月 19—21 日

欧亚大陆上空 500hPa 高度场，乌拉尔山到西西伯利亚是长波槽区，贝加尔湖到雅库茨克是阻塞高压，欧亚大陆中高纬环流场的特征可概括为东高西低。副高脊线位于 25°N 左右，西伸脊点位于 120°～110°E。

欧亚大陆上空 700hPa 高度场上我国西北以及青藏高原常有陆地高压，其与副高之间是低压带，低压带内是东北—西南向的切变线，过程中只有 21 日 0 时在长江中下游有弱的低空急流建立（图 3.22）。暴雨区位于豫东南和皖西北。

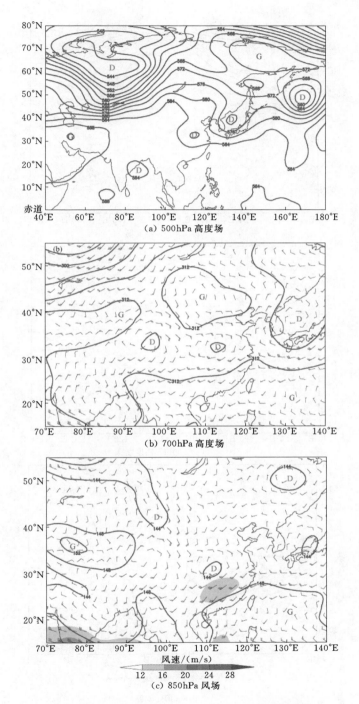

(a) 500hPa 高度场

(b) 700hPa 高度场

风速/(m/s)

12 16 20 24 28

(c) 850hPa 风场

图 3.21 1991 年 8 月 6 日 18 时各等压面环流形势

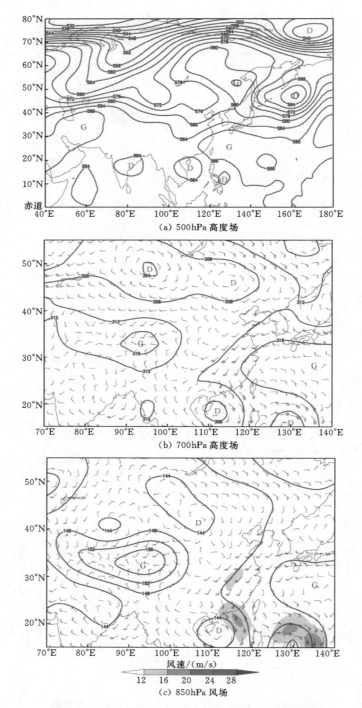

(a) 500hPa 高度场

(b) 700hPa 高度场

风速/(m/s)

12 16 20 24 28

(c) 850hPa 风场

图 3.22 2003 年 7 月 21 日 0 时各等压面环流形势

2．2005 年 7 月 5—10 日

欧亚大陆上空 500hPa 高度场上西西伯利亚到雅库茨克是向东北方向倾斜的高压脊，乌拉尔山北部是低涡，我国东北—库页岛—堪察加半岛是向东北方向倾斜的低压槽。副高偏强，副高脊线稳定在 20°~25°N，西伸脊点位于 105°~115°E。

5—6 日，欧亚大陆上空 700hPa 高度场上我国东北维持一个闭合低压，其后部冷空气南下至淮河流域，7—10 日，我国西北是大陆高压，其与副高对峙，两者之间是狭长的低压带，低压带内存在东北—西南向切变线，从我国东北延伸至我国西南，其东端与东北低涡延伸出的槽连接，西端与西南涡连接，8 日有低涡沿切变线东移。8—10 日，长江下游地区及其南侧有低空急流经过。

3．2007 年 6 月 19—22 日

欧亚大陆上空 500hPa 高度场西风带均偏北，西西伯利亚到贝加尔湖是低涡，贝加尔湖以东地区是阻塞高压，其南侧鄂霍次克海地区有切断低压稳定存在。副高控制我国江南地区，副高脊线稳定在 20°~25°N，西伸脊点位于 110°~100°E。

在欧亚大陆上空 700hPa 高度场上，副高控制我国东南沿海省份，在蒙古地区和我国西北存在一个大陆高压，陆地高压与副高南北对峙，19 日高空槽移动到我国东北附近，我国东北附近形成一个低涡，在青海和四川附近有一个低涡生成，这样，在两高压之间狭长的低压带内，形成了一条东北—西南向切变线，切变线西端与低涡相连接，形成低涡切变线形势。21—22 日，有低涡东移经过华北。850hPa 风场，淮河流域附近并无低空急流出现。暴雨发生在 20 日，江苏和山东交界处。

3.5.4　江淮气旋型

2003 年 6 月 26—27 日，欧亚大陆上空 500hPa 高度场，西西伯利亚北部是强大的阻塞高压稳定维持，乌拉尔山附近和贝加尔湖以东地区分别是低压槽区，形成了两槽一脊的西阻型环流形势。西太副高脊线稳定在 20°~25°N，西伸脊点位于 120°E 左右。

26 日，欧亚大陆上空 700hPa 高度场上，青藏高原以东地区盛行偏北气流，与北上的西南气流形成了东北—西南走向的冷切变线，从我国东部延伸到西南，26 日海平面气压场，在淮河流域及其西南地区产生了一个江淮气旋，冷锋呈东北—西南走向横跨皖、鄂、湘三省，暖锋位于江苏及东海海面，次日江淮气旋东移在苏北入海，700hPa 高度场冷切变线和地面冷锋南压至长江以南，降水过程结束。850hPa 风场低空急流较偏南，位于江南地区和江南沿海地区，急流轴基本与东南沿海省份海岸线一致。暴雨区位于皖中和苏西南（图 3.23）。

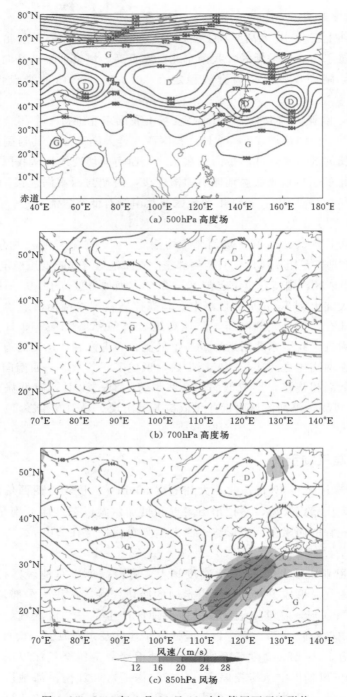

(a) 500hPa 高度场

(b) 700hPa 高度场

风速/(m/s)

12　16　20　24　28

(c) 850hPa 风场

图 3.23　2003 年 6 月 26 日 18 时各等压面环流形势

3.5.5　台风强降水型

台风型暴雨，多发生在出梅后，以 8 月居多，其特点是范围小、强度大、历时短，易造成局地大洪涝（如 1956 年、1965 年、1974 年和 1975 年等）。特别是在山区，台风暴雨常常引发山洪、泥石流、山体滑坡、塌方等地质灾害，特别严重的可导致水库垮坝，给人民生命财产带来巨大损失。

3.5.5.1　台风北上型

1. 1965 年 7 月 31 日至 8 月 4 日

欧亚大陆上空 500hPa 高度场上中高纬从巴尔喀什湖到鄂霍次克海地区是宽广的阻塞形势，阻塞高压位于贝加尔湖至东西伯利亚，其南侧贝加尔湖地区和鄂霍次克海地区分别有一个切断低压。3 日乌拉尔山高压脊开始迅速向高纬发展，巴尔喀什湖至贝加尔湖之间形成长波槽区，贝加尔湖以东是阻塞高压，形成了两脊一槽的环流形势。副高位于日本岛以南洋面，脊线位于 25°～30°N。

欧亚大陆上空 700hPa 高度场上，8 月 1—4 日，蒙古东部的强烈低涡进入我国东北，低槽从东北延伸至渤海冀鲁豫，同时有高空槽东移至黄淮，4 日 12 时移动到淮河流域的高空槽迅速发展加深，同时北上的热带气旋运动到浙江沿海，18 时两者相遇连接为一体。7 月 31 日和 8 月 1 日，850hPa 风场上有低空急流活动，位于长江中游南边。

2. 1991 年 7 月 24—29 日

环流形势从"三脊"向"双阻"调整过程。欧亚大陆上空 500hPa 高度场，高纬存在极涡，前期乌拉尔山、贝加尔湖、鄂霍次克海地区分别是高压脊，巴尔喀什湖、库页岛地区是低压槽，随着极涡西移，迫使中高纬槽脊系统东移，东移过程中贝加尔湖高压脊减弱消失，至 27 日巴尔喀什湖到贝加尔湖之间是高压脊，其两侧乌拉尔山、雅库茨克至我国东北分别为低压槽区。24 日和 25 日，副高偏强，脊线位于 30°N 左右，深入我国内陆，控制黄河以南地区，从 25 日开始副高东撤南退，随着热带气旋经台湾海域、东海北上，副高主体处于日本岛南方。

欧亚大陆上空 700hPa 高度场上，24—25 日我国东北—渤海湾—鲁豫有一条低槽，25 日我国西北有小高压，陆地高压与副高之间形成切变线，24 日 18 时和 25 日 0 时低空急流短暂建立，位于长江下游和入海口；26 日，500hPa 高度场上极涡分裂出高空槽，移动至贝加尔湖，27 日继续南下并形成闭合低压，向我国华北移动，与此同时副高西侧的热带气旋沿东海北上，700hPa 高度场上南下的冷涡与北上的热带气旋迎面相碰，中心气压降低，合并为一体，移动至我国东北。

3.5.5.2　台风深入内陆型

2005 年 7 月 15—23 日：欧亚大陆上空 500hPa 高度场，前期乌拉尔山、贝加尔湖、鄂霍次克海分别是高压脊，巴尔喀什湖和雅库茨克分别是长波槽，20

日以后环流发生调整，乌拉尔山到西西伯利亚形成阻塞形势，而且高压脊不断向东扩展，鄂霍次克海附近地区是长波槽。前期副高脊线位于 30°N 左右，随着热带气旋北上，副高北抬，脊线位于 35°～40°N，20 日以后副高减弱南退。17 日热带气旋从福建登陆，21 日移动到鄂、湘、赣地区开始减弱，23 日消散。

3.5.6　其他类型

1. 1954 年 7 月 27—30 日

欧亚大陆上空 500hPa 高度场上，贝加尔湖北部是强大的阻塞高压稳定维持，乌拉尔山地区是长波槽，鄂霍次克海地区是低压槽。27 日和 28 日，副高脊线位于 20°～25°N，西伸脊点 120°E 左右，29 日和 30 日，副高退至大洋深处。

欧亚大陆上空 700hPa 高度场上，27 日和 28 日我国华北地区是小高压脊，陆地高压与副高之间是东西向切变线，并与青海四川地区的低涡连接，29 日和 30 日，有高空槽经过淮河流域。850hPa 风场上低空急流位于长江中游的南边，暴雨区位于豫东南和皖西北（图 3.24）。

2. 2003 年 8 月 23—30 日

欧亚大陆上空 500hPa 高度场欧亚大陆中高纬环流形势由前期的西高东低，于 26 日调整为两脊一槽，即乌拉尔山到贝加尔湖之间是宽广的高压脊，俄罗斯远东是低压槽区，东移过程中于 28 日发展成低涡，鄂霍次克海地区于 26 日开始高压脊发展，并东移至勘察加半岛。副高脊线稳定在 25°～30°N，西伸脊点位于 110°～100°E。

23—25 日，东北槽后偏北气流南下与西南暖湿气流交汇，26 日 18 时高空槽移动至黄河下游，同时欧亚大陆上空 850hPa 风场上低空急流增强，低空急流位于淮河流域南部，27 日高空槽东移出海。28—30 日，700hPa 高度场上东北槽后偏北气流南下，29 日有高空槽移动到华北，30 日出海，淮河流域北侧形成了冷切变线，850hPa 风场上我国西北是大陆高压，其与副高对峙，两者之间的低压带内是东西向切变线，切变线西端连接四川的西南涡，过程中低空急流不活跃。

3. 2005 年 7 月 27 日至 8 月 3 日

7 月 27 日，欧亚大陆上空 500hPa 高度场中高纬是三脊两槽形势，高纬有极涡存在，乌拉尔山、贝加尔湖、鄂霍次克海分别是高压脊，巴尔喀什湖、我国东北至库页岛分别是长波槽。28 日环流开始调整，乌拉尔山至库页岛之间形成阻塞形势将西风带分为南北两支，到 8 月 1 日三脊两槽的形势重新开始建立。副高偏强，脊线位于 20°N 左右，到 8 月 2 日北抬至 25°N，副高西伸脊点位于 125°E，然后加强西伸，8 月 1 日到达 105°E，然后东退至 125°E 左右。

7 月 27—29 日，欧亚大陆上空 700hPa 高度场上我国东北低涡较强，华北和淮河流域受到低涡后部冷空气影响，偏北气流与淮河流域的西南气流形成冷切变

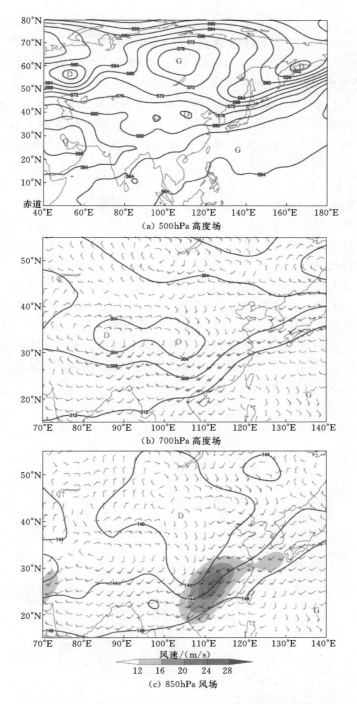

(a) 500hPa 高度场

(b) 700hPa 高度场

风速/(m/s)
12　16　20　24　28

(c) 850hPa 风场

图 3.24　1954 年 7 月 27 日 18 时各等压面环流形势

线，850hPa 风场上淮河流域附近未有低空急流建立，地面暴雨区位于豫东南。7
月 30 日，500hPa 高度场上我国晋陕地区有浅槽东移，31 日移至黄河入海口，
并发展加深，700hPa 高度场上，7 月 30 日浅槽位于内蒙古中部，正向华北移
动，31 日低槽位于冀鲁，同时我国东北形成闭合低压，淮河流域受到槽后冷空
气影响，2 日低涡后部的偏北气流与副高西北侧的西南气流形成冷切变线，切变
线呈东北—西南向，跨黑、吉、辽、冀、鲁、豫、鄂、湘等多个省份，850hPa
风场，7 月 30 日低空急流开始向淮河流域延伸，急流核位于华南，31 日低空急
流穿过皖苏。

　　4．2007 年 6 月 30 日至 7 月 9 日

　　欧亚大陆上空 500hPa 高度场，前期乌拉尔山地区是阻塞高压，西西伯利亚
是强大的冷涡，雅库茨克附近地区是阻塞高压，7 月 3 日以后乌拉尔山到西西伯
利亚是阻塞高压脊，贝加尔湖以东是长波槽区。副高脊线位于 $23°\sim26°N$，稳定
少动，西伸脊点位于 $120°\sim110°E$。

　　欧亚大陆上空 700hPa 高度场上，6 月 30 日至 7 月 2 日，华北低涡发展加深
并东移入海，其后部偏北气流与西南暖湿气流在黄淮形成冷切变线，7 月 3 日有
高空槽经过黄淮，7 月 5—9 日，我国西北和蒙古地区是高压区，大陆高压与副
高对峙，两者之间狭长的低压带内有一条东北—西南向的江淮切变线。850hPa
风场上，6 月 30 日至 7 月 4 日低空急流较活跃，位于华南、江南地区，5—9 日
低空急流位于长江中游南边或者长江下游。

第4章

洪 涝 演 变 特 征

4.1 洪涝概况

4.1.1 洪涝分布

淮河流域为我国南北气候的过渡地带，特殊的地理位置和地形条件导致暴雨频发。此外，淮河中游地势低洼、平原面积广，历来洪涝灾害范围大、灾害发生时间频繁，淮河两岸易受高水位长时间顶托，因洪致涝、"关门淹"现象较为严重。洪涝灾害致使流域多次发生重大损失。据历史文献记载统计，14—19世纪淮河流域发生较大水灾350次，发生频次不足2年。黄河夺淮初期的12—13世纪，平均每百年发生水灾35次；14—15世纪每百年水灾75次；16世纪至新中国成立的450年里每百年平均发生水灾94次。新中国成立后的1950年、1954年、1957年、1975年、1991年、2003年和2007年等年份发生较大洪涝灾害。1991年造成受淹面积8275万亩，成灾面积6024万亩，经济损失339.6亿元；2007年受淹面积3748万亩，成灾面积2380万亩，经济损失155.2亿元。洪涝灾害已成为影响流域社会经济发展的重要因素。

1. 淮河水系

淮河洪水主要来自淮河干流上游、淮南山区及伏牛山区。淮河干流上游山丘区干支流河道比降大、洪水汇集快、洪峰尖瘦。洪水进入淮河中游后，干流河道比降变缓，沿河又有众多湖泊、洼地，经调蓄后洪水过程明显变缓。中游左岸诸支流中，只有少数支流上游为山丘区，多数为平原河道，河床泄量小，洪水下泄缓慢。中游右岸诸支流均为山丘区河流，河道短、比降大，洪峰尖瘦。由于左岸诸支流集水面积明显大于右岸，因此左岸诸支流的来水对淮河干流中游的洪量影响较大。淮河下游洪泽湖中渡站以下，由于洪泽湖下泄量大，入江水道沿线出现持续高水位状态，导致里下河地区常因当地暴雨而造成洪涝。

淮河大面积的洪涝灾害往往是由梅雨期长、大范围连续暴雨造成，其特点是干支流洪水遭遇，如1931年、1954年、1991年、2003年、2007年全流域性洪水中，淮河上游及中游右岸各支流连续出现多次洪峰，左岸支流洪水又持续汇入干流，以致干流出现历时长达一个月以上的洪水过程，淮河沿线长期处于高水位状态，淮北平原出现大片洪涝。

此外，淮河右岸支流主要发源于大别山区，洪水过程尖瘦，对淮河干流洪峰影响不容忽视。如1969年淮河淮南山区潢河、史灌河、淠河出现大洪水，致使干流正阳关站水位25.85m、相应的鲁台子站流量达6940m^3/s。

2. 沂沭泗河水系

沂沭泗河水系洪水特点是来势凶猛、峰高量大，上游洪水陡涨陡落，南四湖湖西等平原地区河流洪水变化平缓。从洪水组成上说，沂沭泗河水系洪水分为沂沭河、南四湖（包括泗河）和邳苍地区（即运河水系）三部分。其中沂河、沭河发源于沂蒙山，上中游均为山丘区，河道比降大，暴雨出现机会多，是沂沭泗洪水的主要发源地。南四湖承纳湖西诸河和湖东泗河等来水，湖东诸支流多为山溪性河流，河短流急，洪水随涨随落；湖西诸支流流经黄泛平原，泄水能力低，洪水过程平缓。骆马湖汇集沂河、南四湖及邳苍地区51400km^2来水，是沂沭泗洪水重要的调蓄湖泊。新沂河为平原人工河道，比降较缓，沿途又承接沭河等部分来水，因而洪水峰高量大，过程较长。

20世纪50年代以来，沂沭泗河水系地区洪涝灾害较大年份有1957年、1963年、1974年等。其中1957年沂沭泗河水系各河同时发生大水，邳苍区、南四湖区发生严重洪涝灾害，1963年各河先后发生大水，1974年沂河、沭河、邳苍地区发生大水。

4.1.2 洪涝分区划分

根据流域河流水系结构和下垫面条件，洪涝分区划分以淮河水系分研究对象，并将淮河水系分为8个分区：①息县站以上；②洪汝河；③沙颍河；④涡淝浍河（包括涡河、西淝河和浍河等）；⑤沱濉安河（包括沱河、濉河和安河等）；⑥息县站至正阳关站区间淮河南岸（包括寨河、潢河、白露河、史河和淠河等）；⑦正阳关站至蚌埠站区间淮河南岸（包括东淝河、瓦埠河、洛河）；⑧蚌埠站以下淮河南岸（包括濠河、池河等）。淮河水系洪涝分区见表4.1和图4.1。

8个不同分区的地形地貌可分为三种：①山丘区：息县站以上、息县站至正阳关站区间淮河南岸、正阳关站至蚌埠（吴家渡）站区间淮河南岸和蚌埠（吴家渡）站以下淮河南岸；②平原区：涡淝浍河、沱濉安河；③山丘和平原混合区：

洪汝河、沙颖河。

表 4.1 淮河水系洪涝分区表

分区号	分 区 名 称	地 形 特 征
1	息县站以上	山丘区
2	洪汝河	山丘和平原混合区
3	沙颖河	山丘和平原混合区
4	涡浍沱河	平原区
5	沱濉安河	平原区
6	息县站至正阳关区间淮河南岸（息正区间南岸）	山丘区
7	正阳关站至蚌埠（吴家渡）区间淮河南岸（正蚌区间南岸）	山丘区
8	蚌埠（吴家渡）站以下淮河南岸（蚌埠以下南岸）	山丘区

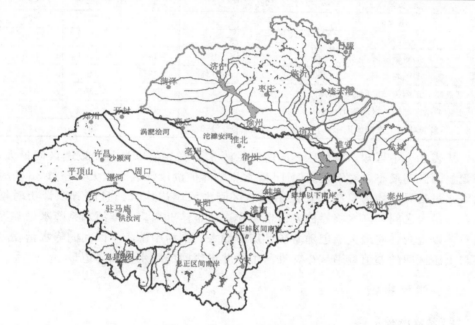

图 4.1 淮河水系洪涝分区图

4.2 洪涝评估指标分析

4.2.1 洪涝降水临界值

将致使研究区域发生洪涝时的降水阈值定义为洪涝降水临界值。根据《淮河流域综合规划》《安徽省淮河流域排涝规划》等报告，目前淮河流域现行设计除涝标准，一般为 5～10 年一遇，其中淮河以北平原地区为 5 年一遇，淮河以南地区为 10 年一遇。选取各分区降水量系列长度充分、代表性较为可靠的雨量站点，用算术平均法计算各分区面平均降水量系列。统计各分区历年年最大 1d、3d、7d、15d 和 30d 降雨量系列，采用 P-Ⅲ 曲线进行频率分析计算，适线时考虑不同分区上下游、不同时段降水量之间统计参数的相对平衡、协调等因素。淮河以北以 5 年一遇、淮河以南以 10 年一遇作为淮河流域 1d、3d、7d、15d 和 30d 洪涝降水临界值，各分区降水量临界值成果见表 4.2。

表 4.2　　　　　　　　　　　各分区降水量临界值成果表

分　区	降水临界值/mm				
	1d	3d	7d	15d	30d
息县站以上	122	214	276	362	497
洪汝河	106	177	213	276	378
沙颍河	65	105	150	212	300
涡浍澮河	62	99	145	205	293
沱濉安河	80	131	175	240	344
息县站—正阳关站区间淮河南岸	100	181	256	356	492
正阳关站—蚌埠站区间淮河南岸	83	131	181	245	328
蚌埠站以下淮河南岸	95	153	211	291	382

从表 4.2 中可知，各分区不同历时的降水量临界值以息县站以上区间最大，涡浍澮河区间最小，对于短历时 1d 降水量临界值洪汝河区间次大，超过 3d 历时的降水量临界值均为息县站—正阳关站区间淮河南岸次大，且随着统计历时增大，与最大区间的降水量临界值差值也越小。从整体上来看，淮河水系降水量临界值总体以上游区间最大，但随着统计历时增大，淮河中游南岸区间的降水量临界值与上游区间的差值逐渐减小，淮河中游北岸区间的降水量临界值最小。

4.2.2　洪涝指数

1. 分区洪涝指数

各个分区由于地形地貌、土壤植被、河流水系等不同，产生洪涝的降水临界值也不同，相同降水产生的洪涝等级也不相同。为了便于评价不同区域的洪涝程度，定义各分区洪涝指数为

$$d_{ji} = \frac{P_{id}^{j}}{P_{cid}^{j}} \tag{4.1}$$

式中：j 为分区号，$j=1、2、3、\cdots、8$；i 为不同时段，d，$i=1、3、7、15、30$；P_{id}^{j} 为分区 j 时段为 i 天的最大降雨量；P_{cid}^{j} 为分区 j 时段为 i 天的临界降雨量；d_{ji} 为分区 j 时段为 i 天的洪涝指数。

对某一区域不同时段的洪涝指数而言，若长短历时的暴雨发生时段相包含，即 $t_{i_1 j} \supset t_{i_2 j}$，$i_1 > i_2$，则 $d_{ji_2} = \max(d_{ji_2}, d_{ji_1})$。对某一年，该年的洪涝指数为不同时段洪涝指数的加权平均，即

$$Z_j = \frac{\sum i d_{ji}}{\sum i} \tag{4.2}$$

式中：Z_j 为第 j 个分区的综合洪涝指数，各分区历年不同时段的洪涝指数结果见表 4.3～表 4.10。

表 4.3　　　　　　　　　　息县站以上区不同时段洪涝指数统计

年份	Z_{1d}	Z_{3d}	Z_{7d}	Z_{15d}	Z_{30d}	$Z_{综合}$
1954	1.51	1.51	1.51	1.51	1.51	1.51
1955	0.58	0.58	0.58	0.50	0.46	0.50
1956	1.12	0.84	0.84	0.79	0.82	0.82
1957	0.65	0.49	0.49	0.39	0.38	0.41
1958	0.99	0.57	0.68	0.70	0.54	0.61
1959	0.53	0.41	0.43	0.41	0.39	0.40
1960	1.92	1.47	1.28	1.17	0.99	1.12
1961	0.45	0.32	0.33	0.33	0.33	0.33
1962	1.23	0.95	0.84	0.70	0.60	0.69
1963	0.76	0.76	0.76	0.60	0.65	0.66
1964	0.95	0.56	0.49	0.49	0.46	0.48
1965	0.78	0.56	0.56	0.56	0.56	0.57
1966	0.32	0.32	0.27	0.24	0.21	0.23
1967	1.62	1.23	0.96	0.86	0.77	0.86
1968	2.34	2.34	2.08	1.74	1.51	1.70
1969	0.52	0.45	0.38	0.45	0.45	0.45
1970	0.58	0.55	0.51	0.51	0.43	0.47
1971	1.06	1.06	0.84	0.72	0.72	0.76
1972	1.00	0.75	0.81	0.72	0.64	0.70
1973	0.69	0.63	0.52	0.52	0.51	0.52
1974	0.49	0.39	0.43	0.43	0.36	0.39
1975	1.22	0.79	0.92	0.92	0.70	0.80
1976	0.69	0.39	0.33	0.30	0.33	0.33

续表

年份	Z_{1d}	Z_{3d}	Z_{7d}	Z_{15d}	Z_{30d}	$Z_{综合}$
1977	1.02	0.73	0.66	0.65	0.65	0.66
1978	0.55	0.43	0.37	0.28	0.34	0.34
1979	0.70	0.64	0.45	0.64	0.64	0.62
1980	1.22	0.79	0.79	0.79	0.77	0.79
1981	0.53	0.45	0.55	0.49	0.45	0.48
1982	1.08	1.08	1.08	1.08	0.88	0.97
1983	0.80	0.80	0.79	0.79	0.74	0.76
1984	0.90	0.90	0.90	0.87	0.79	0.83
1985	0.34	0.36	0.36	0.36	0.35	0.35
1986	0.43	0.40	0.38	0.36	0.36	0.36
1987	1.18	0.98	0.78	0.66	0.65	0.70
1988	0.88	0.63	0.63	0.53	0.50	0.54
1989	0.50	0.45	0.45	0.42	0.39	0.41
1990	0.64	0.44	0.46	0.46	0.46	0.46
1991	0.89	0.82	0.64	0.82	0.82	0.80
1992	0.56	0.35	0.29	0.28	0.28	0.29
1993	0.79	0.70	0.70	0.57	0.63	0.63
1994	0.59	0.47	0.47	0.46	0.46	0.46
1995	0.99	0.69	0.53	0.54	0.54	0.55
1996	1.02	0.87	0.87	0.87	0.87	0.88
1997	0.71	0.71	0.63	0.49	0.42	0.49
1998	0.87	0.87	0.87	0.87	0.81	0.84
1999	0.40	0.40	0.36	0.35	0.29	0.32
2000	0.91	0.86	0.71	0.72	0.73	0.73
2001	0.51	0.29	0.24	0.22	0.20	0.22
2002	0.83	1.31	1.31	1.09	0.93	1.04
2003	0.51	0.63	0.63	0.62	0.63	0.63
2004	0.87	0.69	0.69	0.69	0.69	0.69
2005	0.80	0.80	0.68	0.75	0.80	0.77
2006	0.63	0.41	0.41	0.41	0.38	0.40
2007	1.25	1.25	1.20	1.25	1.20	1.22

表 4.4　　　　　　　　　　　　洪汝河区不同时段洪涝指数统计

年份	Z_{1d}	Z_{3d}	Z_{7d}	Z_{15d}	Z_{30d}	$Z_{综合}$
1954	1.92	1.92	1.92	1.92	1.89	1.90
1955	0.71	0.71	0.70	0.67	0.71	0.70
1956	1.46	1.46	1.46	1.36	1.42	1.41
1957	0.54	0.48	0.80	0.80	0.73	0.74
1958	0.57	0.43	0.43	0.56	0.56	0.54
1959	0.42	0.28	0.42	0.42	0.37	0.39
1960	0.63	0.90	0.90	0.90	0.90	0.89
1961	0.33	0.55	0.55	0.55	0.47	0.50
1962	0.87	0.83	0.77	0.79	0.74	0.76
1963	0.98	0.98	0.98	0.98	0.98	0.98
1964	0.68	0.52	0.54	0.52	0.54	0.54
1965	1.23	0.99	1.08	1.19	1.08	1.11
1966	0.30	0.27	0.29	0.23	0.29	0.28
1967	0.93	0.68	0.68	0.91	0.81	0.81
1968	1.21	1.21	1.21	1.21	1.21	1.21
1969	0.85	0.57	0.64	0.53	0.64	0.61
1970	0.48	0.48	0.48	0.48	0.48	0.48
1971	0.93	0.93	0.92	0.92	0.92	0.92
1972	0.93	0.93	0.93	0.93	0.77	0.85
1973	0.81	0.81	0.76	0.72	0.72	0.73
1974	0.56	0.60	0.50	0.60	0.60	0.58
1975	1.73	1.73	1.50	1.38	1.12	1.28
1976	0.43	0.39	0.52	0.43	0.52	0.49
1977	0.49	0.80	0.80	0.80	0.80	0.79
1978	0.74	0.74	0.64	0.56	0.56	0.59
1979	0.77	0.77	0.77	0.77	0.77	0.77
1980	0.99	0.73	0.73	0.73	0.73	0.73
1981	0.40	0.45	0.54	0.50	0.45	0.48
1982	1.56	1.56	1.56	1.44	1.56	1.52
1983	0.84	0.84	0.83	0.71	0.84	0.80
1984	1.43	1.15	0.97	0.81	0.94	0.93
1985	0.52	0.52	0.52	0.52	0.47	0.49

年份	Z_{1d}	Z_{3d}	Z_{7d}	Z_{15d}	Z_{30d}	$Z_{综合}$
1986	0.81	0.81	0.75	0.58	0.45	0.55
1987	0.95	0.88	0.80	0.80	0.71	0.76
1988	0.48	0.40	0.46	0.59	0.59	0.56
1989	0.47	0.73	0.63	0.62	0.73	0.68
1990	0.63	0.58	0.64	0.64	0.58	0.61
1991	0.97	0.93	0.93	0.74	0.93	0.88
1992	0.44	0.37	0.37	0.35	0.30	0.33
1993	0.52	0.52	0.52	0.39	0.52	0.48
1994	0.55	0.43	0.36	0.32	0.41	0.38
1995	0.65	0.48	0.66	0.66	0.66	0.65
1996	0.95	0.55	0.95	0.95	0.95	0.93
1997	1.34	1.02	0.97	0.76	0.64	0.75
1998	1.03	1.03	1.03	0.80	0.78	0.84
1999	0.44	0.44	0.36	0.44	0.36	0.39
2000	1.09	1.09	1.07	1.07	1.07	1.07
2001	0.60	0.60	0.60	0.60	0.46	0.53
2002	0.99	0.99	0.99	0.89	0.79	0.85
2003	1.31	1.31	1.29	1.31	1.29	1.29
2004	0.91	0.91	0.91	0.91	0.90	0.91
2005	1.14	1.14	1.14	1.03	1.10	1.09
2006	0.84	0.84	0.69	0.74	0.84	0.80
2007	1.29	1.29	1.29	1.29	1.29	1.29

表 4.5　　　　　　　　　　沙颍河区不同时段洪涝指数统计

年份	Z_{1d}	Z_{3d}	Z_{7d}	Z_{15d}	Z_{30d}	$Z_{综合}$
1954	2.26	2.26	2.20	1.94	1.70	1.87
1955	0.80	0.80	0.80	0.79	0.79	0.79
1956	1.82	1.82	1.81	1.47	1.73	1.67
1957	0.88	0.94	0.94	0.94	0.94	0.94
1958	0.46	0.48	0.48	0.60	0.60	0.57
1959	0.59	0.44	0.41	0.37	0.35	0.37
1960	0.74	0.80	0.78	0.77	0.72	0.75

年份	Z_{1d}	Z_{3d}	Z_{7d}	Z_{15d}	Z_{30d}	$Z_{综合}$
1961	1.42	0.91	0.69	0.69	0.69	0.71
1962	1.12	0.94	1.11	1.11	0.94	1.01
1963	1.30	1.30	1.30	1.16	1.30	1.26
1964	0.92	0.92	0.85	0.82	0.74	0.79
1965	1.31	1.26	1.26	1.26	1.08	1.16
1966	0.41	0.46	0.46	0.43	0.43	0.44
1967	0.73	0.73	0.73	0.73	0.73	0.73
1968	2.00	2.00	1.62	1.62	1.62	1.64
1969	0.91	0.66	0.69	0.69	0.63	0.66
1970	0.91	0.74	0.70	0.70	0.74	0.72
1971	0.71	1.01	0.88	0.80	0.80	0.82
1972	1.10	1.10	1.09	1.09	0.94	1.01
1973	0.89	0.89	0.74	0.71	0.71	0.73
1974	0.75	0.83	0.83	0.83	0.76	0.79
1975	0.92	0.92	1.01	1.01	0.92	0.95
1976	0.56	0.66	0.66	0.59	0.58	0.59
1977	0.73	0.58	0.73	0.73	0.73	0.72
1978	0.67	0.55	0.40	0.42	0.46	0.45
1979	0.95	0.95	0.95	0.95	0.95	0.95
1980	1.00	0.90	0.81	0.81	0.81	0.82
1981	0.65	0.55	0.60	0.60	0.51	0.55
1982	1.23	1.23	1.23	1.23	1.23	1.23
1983	1.01	0.98	0.79	0.95	0.95	0.93
1984	1.34	1.30	1.03	1.12	1.03	1.07
1985	0.67	0.60	0.60	0.60	0.58	0.59
1986	0.67	0.57	0.53	0.44	0.50	0.50
1987	1.09	0.84	0.84	0.84	0.76	0.80
1988	1.03	0.81	0.78	0.74	0.78	0.78
1989	1.21	1.21	1.14	0.92	0.77	0.89
1990	0.95	0.95	0.77	0.74	0.71	0.74

续表

年份	Z_{1d}	Z_{3d}	Z_{7d}	Z_{15d}	Z_{30d}	$Z_{综合}$
1991	1.74	1.74	1.29	1.06	1.24	1.24
1992	0.59	0.59	0.53	0.46	0.45	0.47
1993	0.68	0.68	0.71	0.71	0.68	0.69
1994	0.82	0.66	0.71	0.73	0.71	0.71
1995	0.98	0.89	0.88	0.88	0.88	0.88
1996	1.28	1.23	1.23	1.23	1.23	1.23
1997	0.84	0.69	0.68	0.64	0.64	0.65
1998	1.49	1.47	1.28	1.02	0.99	1.07
1999	0.85	0.85	0.64	0.64	0.52	0.59
2000	1.50	1.50	1.11	1.15	1.15	1.17
2001	0.35	0.36	0.28	0.28	0.36	0.33
2002	0.97	1.09	1.07	0.97	0.86	0.93
2003	1.56	1.56	1.55	1.55	1.55	1.55
2004	1.31	1.07	1.00	1.00	0.98	1.00
2005	0.88	0.88	0.88	0.88	0.88	0.88
2006	1.13	1.13	1.13	1.06	0.87	0.97
2007	1.20	1.20	1.20	1.20	1.20	1.20

表 4.6　　　　　　　　　　涡茨浍河区不同时段洪涝指数统计

年份	Z_{1d}	Z_{3d}	Z_{7d}	Z_{15d}	Z_{30d}	$Z_{综合}$
1954	1.80	1.54	1.54	1.54	1.53	1.54
1955	0.92	0.74	0.63	0.63	0.63	0.64
1956	1.40	1.40	1.40	1.14	1.29	1.27
1957	0.78	1.12	1.12	1.12	1.12	1.12
1958	0.96	0.81	0.96	0.96	0.81	0.87
1959	0.67	0.59	0.59	0.44	0.50	0.51
1960	0.84	0.87	0.71	0.76	0.84	0.80
1961	0.78	0.62	0.70	0.70	0.56	0.62
1962	1.22	0.93	0.92	0.92	0.90	0.92
1963	1.02	1.43	1.43	1.30	1.43	1.39
1964	0.88	0.83	0.83	0.83	0.83	0.83

年份	Z_{1d}	Z_{3d}	Z_{7d}	Z_{15d}	Z_{30d}	$Z_{综合}$
1965	0.90	1.53	1.53	1.53	1.50	1.50
1966	1.00	1.00	0.78	0.62	0.56	0.64
1967	1.13	1.11	0.98	1.01	0.91	0.96
1968	0.64	0.91	0.80	0.71	0.71	0.73
1969	1.38	1.00	0.83	0.99	0.93	0.94
1970	0.86	0.81	0.81	0.71	0.81	0.79
1971	0.67	0.96	0.88	0.88	0.88	0.88
1972	1.18	1.18	1.13	1.13	1.18	1.16
1973	0.71	0.89	0.89	0.79	0.79	0.81
1974	0.81	1.06	1.05	1.06	1.05	1.05
1975	0.95	0.95	0.74	0.75	0.63	0.70
1976	0.80	0.75	0.75	0.75	0.74	0.75
1977	1.24	1.11	0.94	0.94	0.94	0.95
1978	0.93	0.93	0.64	0.49	0.59	0.59
1979	1.35	1.15	1.14	1.15	1.14	1.15
1980	1.02	0.92	0.79	0.76	0.73	0.76
1981	0.88	0.88	0.72	0.59	0.55	0.61
1982	1.33	1.27	1.06	1.17	1.06	1.11
1983	0.85	0.86	0.86	0.72	0.77	0.78
1984	1.31	1.30	1.05	0.80	0.92	0.93
1985	1.19	0.90	0.90	0.71	0.90	0.85
1986	0.87	0.87	0.75	0.62	0.62	0.66
1987	0.57	0.60	0.53	0.64	0.59	0.60
1988	0.80	0.88	0.80	0.88	0.74	0.79
1989	0.97	0.97	0.97	0.91	0.86	0.90
1990	0.79	0.79	0.79	0.67	0.87	0.80
1991	1.40	1.01	1.01	1.01	1.01	1.01
1992	0.92	0.92	0.72	0.62	0.59	0.64
1993	0.92	0.84	0.84	0.84	0.84	0.84
1994	0.73	0.50	0.69	0.69	0.55	0.60
1995	1.03	0.81	0.81	0.85	0.85	0.85
1996	1.30	0.85	1.02	1.02	1.02	1.01

续表

年份	Z_{1d}	Z_{3d}	Z_{7d}	Z_{15d}	Z_{30d}	$Z_{综合}$
1997	1.72	1.66	1.34	1.01	0.91	1.04
1998	1.57	1.57	1.17	0.85	0.83	0.93
1999	1.57	1.57	1.09	0.95	0.71	0.88
2000	1.21	1.65	1.65	1.25	1.54	1.48
2001	1.02	1.02	1.02	1.02	0.92	0.97
2002	1.30	0.94	0.94	0.72	0.56	0.68
2003	1.80	1.80	1.79	1.80	1.79	1.79
2004	1.17	1.17	0.99	0.99	0.94	0.98
2005	2.15	2.15	2.15	1.77	1.77	1.84
2006	1.20	1.20	1.20	1.12	0.96	1.05
2007	2.01	2.01	2.01	1.80	1.79	1.84

表 4.7　　　　　　　　　　　沱滩安河区不同时段洪涝指数统计

年份	Z_{1d}	Z_{3d}	Z_{7d}	Z_{15d}	Z_{30d}	$Z_{综合}$
1954	1.43	1.43	1.43	1.43	1.39	1.41
1955	0.81	0.81	0.84	0.65	0.81	0.77
1956	1.34	1.02	1.22	1.02	1.22	1.16
1957	1.35	0.86	0.76	0.89	0.79	0.83
1958	1.01	0.86	0.91	0.91	0.80	0.85
1959	0.91	0.75	0.82	0.72	0.70	0.73
1960	0.93	0.93	0.93	0.93	0.93	0.93
1961	0.98	0.63	0.64	0.64	0.64	0.65
1962	0.96	0.64	0.88	0.84	0.88	0.86
1963	1.53	1.53	1.53	1.53	1.53	1.53
1964	1.76	1.18	1.18	1.18	1.18	1.19
1965	1.19	1.42	1.42	1.42	1.41	1.41
1966	1.00	0.84	0.68	0.56	0.51	0.57
1967	0.96	0.75	0.75	0.75	0.65	0.70
1968	0.75	0.89	0.89	0.80	0.75	0.79
1969	0.80	0.76	0.67	0.57	0.62	0.63

年份	Z_{1d}	Z_{3d}	Z_{7d}	Z_{15d}	Z_{30d}	$Z_{综合}$
1970	0.99	0.77	0.77	0.77	0.74	0.76
1971	0.81	1.22	1.04	1.01	1.01	1.02
1972	1.11	1.11	1.11	1.11	0.95	1.03
1973	0.60	0.80	0.80	0.80	0.80	0.80
1974	2.15	1.55	1.25	1.24	1.24	1.28
1975	0.72	0.72	0.65	0.58	0.57	0.59
1976	1.00	0.74	0.64	0.64	0.64	0.65
1977	0.96	0.96	0.96	0.96	0.96	0.96
1978	0.69	0.62	0.62	0.46	0.51	0.52
1979	1.11	0.87	0.87	0.87	0.87	0.87
1980	0.92	0.90	0.89	0.84	0.75	0.80
1981	0.85	0.56	0.52	0.49	0.53	0.52
1982	1.02	0.91	0.71	0.91	0.76	0.81
1983	1.21	1.21	1.21	1.01	0.89	0.99
1984	0.85	0.83	0.79	0.75	0.80	0.79
1985	0.65	0.65	0.65	0.53	0.65	0.61
1986	1.04	0.70	1.04	1.04	1.02	1.01
1987	0.55	0.69	0.67	0.67	0.67	0.67
1988	0.92	0.77	0.84	0.73	0.66	0.71
1989	0.77	0.66	0.66	0.62	0.56	0.60
1990	1.82	1.59	1.42	1.23	1.15	1.24
1991	0.56	0.62	0.56	0.80	0.80	0.75
1992	0.65	0.49	0.49	0.48	0.48	0.49
1993	0.77	0.77	0.77	0.77	0.77	0.77
1994	0.64	0.55	0.64	0.55	0.42	0.49
1995	0.57	0.86	0.86	0.81	0.75	0.78
1996	1.56	1.14	1.14	0.90	1.14	1.08
1997	1.88	1.51	1.28	1.01	0.98	1.07
1998	1.14	0.88	1.04	0.93	0.81	0.88
1999	0.75	0.70	0.58	0.64	0.58	0.60
2000	1.43	1.43	1.40	1.11	1.26	1.25
2001	0.50	0.41	0.71	0.71	0.63	0.65

年份	Z_{1d}	Z_{3d}	Z_{7d}	Z_{15d}	Z_{30d}	$Z_{综合}$
2002	0.84	0.69	0.63	0.56	0.49	0.55
2003	1.84	1.84	1.84	1.70	1.84	1.80
2004	0.58	0.74	0.74	0.74	0.74	0.74
2005	1.33	1.33	1.33	1.08	1.33	1.26
2006	1.59	1.59	1.57	1.52	1.28	1.40
2007	1.66	1.66	1.63	1.56	1.50	1.54

表 4.8　　息县站—正阳关站区间淮河南岸不同时段洪涝指数统计

年份	Z_{1d}	Z_{3d}	Z_{7d}	Z_{15d}	Z_{30d}	$Z_{综合}$
1954	1.86	1.86	1.86	1.56	1.55	1.62
1955	0.92	0.92	0.91	0.78	0.64	0.73
1956	1.41	1.17	1.17	0.96	0.96	1.01
1957	0.84	0.49	0.49	0.48	0.48	0.49
1958	0.66	0.57	0.50	0.48	0.46	0.48
1959	0.57	0.42	0.38	0.37	0.37	0.38
1960	1.00	1.00	0.99	1.00	0.92	0.96
1961	0.76	0.51	0.42	0.42	0.39	0.42
1962	0.65	0.61	0.60	0.49	0.46	0.50
1963	1.07	1.07	1.02	0.76	0.74	0.80
1964	0.95	0.70	0.64	0.64	0.55	0.60
1965	1.40	1.02	0.76	0.91	0.79	0.84
1966	0.45	0.29	0.29	0.29	0.25	0.27
1967	1.04	0.71	0.54	0.43	0.36	0.43
1968	1.85	1.85	1.85	1.43	1.39	1.49
1969	1.20	0.88	0.88	0.88	0.67	0.78
1970	1.24	1.24	0.96	0.88	0.76	0.85
1971	1.31	1.31	1.00	0.84	0.80	0.87
1972	0.96	0.77	0.77	0.64	0.48	0.59
1973	0.50	0.46	0.46	0.43	0.46	0.45
1974	0.56	0.42	0.42	0.42	0.31	0.36
1975	1.06	1.01	1.01	1.01	0.79	0.90

年份	Z_{1d}	Z_{3d}	Z_{7d}	Z_{15d}	Z_{30d}	$Z_{综合}$
1976	0.51	0.36	0.29	0.29	0.29	0.30
1977	1.43	0.90	0.66	0.61	0.63	0.66
1978	0.42	0.50	0.35	0.33	0.36	0.36
1979	0.89	0.69	0.52	0.63	0.63	0.62
1980	0.86	0.63	0.59	0.59	0.63	0.62
1981	0.58	0.57	0.51	0.41	0.38	0.42
1982	1.26	1.24	1.24	1.24	1.04	1.14
1983	1.33	1.33	1.02	0.76	0.88	0.90
1984	0.87	0.79	0.56	0.53	0.45	0.51
1985	1.33	0.82	0.59	0.59	0.59	0.61
1986	0.66	0.57	0.56	0.45	0.45	0.47
1987	0.94	0.54	0.65	0.65	0.65	0.65
1988	0.76	0.46	0.46	0.46	0.46	0.46
1989	0.88	0.48	0.55	0.52	0.48	0.51
1990	1.16	1.16	0.90	0.73	0.59	0.71
1991	1.07	1.07	1.05	0.82	1.05	0.99
1992	0.73	0.44	0.38	0.34	0.36	0.37
1993	0.47	0.37	0.37	0.29	0.37	0.35
1994	0.63	0.57	0.41	0.33	0.38	0.39
1995	1.40	0.82	0.68	0.68	0.68	0.70
1996	1.19	0.77	0.77	1.19	1.19	1.11
1997	1.46	1.36	1.02	0.75	0.67	0.78
1998	0.68	0.68	0.64	0.46	0.46	0.50
1999	0.47	0.44	0.38	0.37	0.32	0.35
2000	1.10	1.04	0.77	0.69	0.61	0.68
2001	0.74	0.41	0.35	0.27	0.22	0.27
2002	1.44	1.39	1.39	1.08	0.87	1.03
2003	1.13	1.13	1.13	1.13	1.13	1.13
2004	0.68	0.68	0.67	0.68	0.67	0.67
2005	1.08	1.08	1.00	1.00	0.79	0.89
2006	0.74	0.74	0.74	0.74	0.74	0.74
2007	0.76	0.76	0.76	0.76	0.75	0.75

表 4.9　正阳关站—蚌埠（吴家渡）站区间淮河南岸不同时段洪涝指数统计

年份	Z_{1d}	Z_{3d}	Z_{7d}	Z_{15d}	Z_{30d}	$Z_{综合}$
1954	2.25	2.25	2.25	2.05	2.05	2.09
1955	0.66	0.88	0.82	0.88	0.82	0.84
1956	1.84	1.84	1.70	1.56	1.64	1.64
1957	0.97	0.62	0.69	0.54	0.69	0.65
1958	0.44	0.58	0.58	0.58	0.50	0.54
1959	0.69	0.57	0.56	0.47	0.46	0.48
1960	0.91	0.91	0.91	0.91	0.91	0.91
1961	0.50	0.52	0.51	0.51	0.51	0.51
1962	1.27	1.27	1.27	1.03	1.00	1.06
1963	0.88	0.95	0.95	0.95	0.95	0.95
1964	0.85	0.85	0.86	0.86	0.78	0.82
1965	0.71	0.71	0.53	0.71	0.71	0.69
1966	0.39	0.52	0.52	0.44	0.37	0.42
1967	0.63	0.63	0.49	0.47	0.49	0.50
1968	1.80	1.80	1.80	1.80	1.80	1.80
1969	1.31	0.91	1.20	1.20	1.03	1.09
1970	1.06	0.98	0.98	0.81	0.75	0.81
1971	1.45	1.45	1.18	1.07	0.97	1.06
1972	1.24	1.24	1.24	1.24	1.04	1.14
1973	0.77	0.77	0.77	0.77	0.77	0.77
1974	1.43	1.26	1.05	1.05	1.05	1.06
1975	0.84	1.18	1.18	1.18	0.96	1.05
1976	0.65	0.41	0.41	0.48	0.48	0.47
1977	1.03	0.93	0.83	0.83	0.83	0.84
1978	0.36	0.43	0.36	0.28	0.36	0.34
1979	0.91	0.91	0.91	0.91	0.91	0.91
1980	0.96	1.07	0.82	0.82	1.07	0.97
1981	0.63	0.61	0.66	0.66	0.59	0.62
1982	1.24	1.24	1.24	1.24	1.13	1.18
1983	1.08	1.23	0.94	0.97	1.08	1.04
1984	1.32	1.32	0.96	0.84	0.72	0.83
1985	0.73	0.72	0.54	0.57	0.72	0.66

年份	Z_{1d}	Z_{3d}	Z_{7d}	Z_{15d}	Z_{30d}	$Z_{综合}$
1986	0.80	0.90	0.90	0.78	0.82	0.82
1987	1.03	0.88	0.99	0.99	0.99	0.98
1988	0.77	0.66	0.59	0.54	0.60	0.59
1989	0.94	0.94	0.78	0.72	0.73	0.75
1990	0.95	0.95	0.90	0.89	0.90	0.90
1991	1.64	1.64	1.23	1.27	1.64	1.49
1992	0.56	0.56	0.49	0.48	0.56	0.53
1993	0.40	0.41	0.63	0.47	0.63	0.57
1994	0.66	0.66	0.50	0.43	0.43	0.46
1995	1.33	0.88	0.76	0.74	0.74	0.76
1996	0.82	0.82	0.94	0.82	0.94	0.90
1997	0.69	0.78	0.69	0.65	0.65	0.66
1998	1.49	1.49	1.49	1.11	1.13	1.19
1999	0.86	0.56	0.47	0.57	0.46	0.51
2000	1.13	1.13	0.89	0.75	0.87	0.86
2001	0.41	0.31	0.33	0.33	0.33	0.33
2002	1.28	1.02	1.28	1.06	0.98	1.05
2003	1.76	1.76	1.76	1.76	1.76	1.76
2004	0.64	0.64	0.64	0.64	0.64	0.64
2005	1.68	1.68	1.68	1.62	1.62	1.63
2006	1.05	1.02	1.05	0.98	1.02	1.02
2007	1.56	1.56	1.56	1.51	1.56	1.55

表 4.10　　蚌埠（吴家渡）站以下淮河南岸不同时段洪涝指数统计

年份	Z_{1d}	Z_{3d}	Z_{7d}	Z_{15d}	Z_{30d}	$Z_{综合}$
1954	1.32	1.32	1.32	1.32	1.32	1.32
1955	0.67	0.67	0.67	0.67	0.67	0.67
1956	1.56	1.56	1.51	1.27	1.26	1.31
1957	0.62	0.62	0.61	0.45	0.62	0.57
1958	0.61	0.48	0.61	0.61	0.61	0.60
1959	0.48	0.35	0.29	0.31	0.32	0.32
1960	0.70	0.70	0.51	0.60	0.67	0.63

年份	Z_{1d}	Z_{3d}	Z_{7d}	Z_{15d}	Z_{30d}	$Z_{综合}$
1961	0.71	0.59	0.59	0.54	0.57	0.57
1962	0.68	0.68	0.67	0.58	0.68	0.65
1963	0.99	0.99	0.99	0.99	0.99	0.99
1964	0.85	0.66	0.70	0.70	0.63	0.66
1965	1.06	1.06	1.06	1.06	1.06	1.06
1966	0.86	0.71	0.64	0.51	0.44	0.50
1967	0.70	0.55	0.48	0.41	0.42	0.44
1968	1.05	1.05	1.05	1.05	1.05	1.05
1969	1.05	0.90	1.05	1.05	1.02	1.03
1970	0.68	0.75	0.75	0.75	0.75	0.75
1971	0.67	0.97	0.85	0.85	0.85	0.85
1972	1.23	1.23	1.23	1.23	0.97	1.09
1973	0.61	0.61	0.61	0.61	0.61	0.61
1974	1.86	1.60	1.26	1.16	1.05	1.15
1975	1.05	1.05	0.98	0.78	0.78	0.83
1976	0.53	0.38	0.34	0.29	0.35	0.34
1977	0.53	0.53	0.53	0.53	0.53	0.53
1978	0.82	0.52	0.42	0.42	0.40	0.42
1979	0.91	0.91	0.91	0.91	0.91	0.91
1980	1.07	0.94	0.94	0.94	0.94	0.94
1981	0.85	0.65	0.52	0.55	0.50	0.53
1982	0.91	0.91	0.91	0.91	0.87	0.89
1983	0.97	0.97	0.75	0.79	0.97	0.89
1984	1.37	1.15	1.12	1.12	0.97	1.05
1985	0.55	0.43	0.57	0.57	0.57	0.56
1986	0.59	0.76	0.56	0.76	0.76	0.73
1987	1.05	0.86	0.86	0.73	0.86	0.83

续表

年份	Z_{1d}	Z_{3d}	Z_{7d}	Z_{15d}	Z_{30d}	$Z_{综合}$
1988	0.58	0.50	0.53	0.48	0.47	0.48
1989	0.64	0.62	0.54	0.53	0.51	0.53
1990	1.11	1.11	0.91	0.91	0.91	0.92
1991	1.55	1.55	1.55	1.41	1.55	1.51
1992	0.78	0.52	0.38	0.42	0.40	0.41
1993	1.17	0.90	0.83	0.83	0.77	0.81
1994	0.61	0.48	0.36	0.33	0.37	0.37
1995	0.71	0.60	0.47	0.47	0.47	0.48
1996	0.95	0.93	0.93	0.93	0.93	0.93
1997	1.15	0.95	0.95	0.86	0.86	0.88
1998	0.94	0.94	0.94	0.69	0.77	0.78
1999	1.06	0.79	0.57	0.52	0.47	0.52
2000	1.05	1.05	0.84	0.67	0.78	0.77
2001	0.40	0.41	0.34	0.36	0.36	0.36
2002	0.66	0.67	0.57	0.57	0.47	0.52
2003	1.52	1.52	1.52	1.52	1.37	1.44
2004	0.57	0.46	0.42	0.42	0.38	0.40
2005	1.21	1.21	1.21	1.00	1.10	1.10
2006	1.11	1.11	1.10	1.10	1.10	1.10
2007	1.48	1.43	1.43	1.43	1.43	1.43

2. 流域洪涝指数

淮河水系各个分区的洪涝是互相作用、互相影响的，故将各分区的洪涝作为流域洪涝的影响因子。为了便于分析流域洪涝特征，采用因子分析法将多个相互关联的分区综合为几个具有代表性且相互独立的主要分区来反映原有各分区洪涝指数所包含的主要信息。

因子分析法是从众多的原始变量中综合出少数几个具有代表性的因子，在因子分析时需要对原变量做相关分析，计算相关系数矩阵，淮河水系各分区洪涝相关系数矩阵见表 4.11。

表 4.11   淮河水系各分区洪涝相关系数矩阵

区号	1	2	3	4	5	6	7	8
1	1.00	0.77	0.74	0.34	0.29	0.77	0.73	0.49
2	0.77	1.00	0.87	0.67	0.56	0.81	0.80	0.67
3	0.74	0.87	1.00	0.62	0.58	0.79	0.83	0.72
4	0.34	0.67	0.62	1.00	0.79	0.42	0.59	0.66
5	0.29	0.56	0.58	0.79	1.00	0.45	0.58	0.70
6	0.77	0.81	0.79	0.42	0.45	1.00	0.81	0.63
7	0.73	0.80	0.83	0.59	0.58	0.81	1.00	0.83
8	0.49	0.67	0.72	0.66	0.70	0.63	0.83	1.00

根据因子得分系数矩阵，得到因子得分函数为

$$F_1 = 0.481x_1 + 0.352x_2 + 0.230x_3 - 0.027x_4 - 0.226x_5 + 0.269x_6$$
$$+ 0.021x_7 - 0.292x_8 \qquad (4.3)$$

$$F_2 = -0.134x_1 + 0.230x_2 + 0.071x_3 + 0.705x_4 + 0.484x_5 - 0.212x_6$$
$$- 0.216x_7 - 0.163x_8 \qquad (4.4)$$

$$F_3 = -0.319x_1 - 0.485x_2 - 0.094x_3 - 0.503x_4 + 0.078x_5 + 0.155x_6$$
$$+ 0.594x_7 + 1.013x_8 \qquad (4.5)$$

由上述因子得分函数，计算得到不同年份流域暴雨洪涝指数，见表 4.12。

表 4.12   流 域 暴 雨 洪 涝 指 数

年份	不同分区洪涝特征指数标准化值								不同主因子得分		
	1	2	3	4	5	6	7	8	1	2	3
1954	2.94	3.46	3.03	1.86	1.68	3.22	3.05	1.77	3.32	1.11	0.39
1955	-0.47	-0.27	-0.28	-0.98	-0.41	0.19	-0.16	-0.35	-0.12	-0.85	0.34
1956	0.61	1.94	2.42	1.01	0.86	1.14	1.89	1.73	1.15	0.73	1.26
1957	-0.78	-0.14	0.18	0.53	-0.21	-0.63	-0.65	-0.68	-0.33	0.74	-1.15
1958	-0.1	-0.76	-0.95	-0.25	-0.15	-0.67	-0.93	-0.58	-0.52	-0.04	-0.63
1959	-0.81	-1.23	-1.56	-1.39	-0.54	-1.01	-1.08	-1.49	-0.88	-0.83	-0.65
1960	1.63	0.32	-0.4	-0.47	0.11	0.97	0.02	-0.48	1.19	-0.58	-0.72
1961	-1.05	-0.89	-0.52	-1.04	-0.8	-0.87	-1	-0.68	-0.78	-0.71	-0.14
1962	0.17	-0.08	0.4	-0.1	-0.11	-0.6	0.41	-0.42	0.14	-0.03	-0.29
1963	0.07	0.6	1.16	1.39	2.07	0.43	0.12	0.69	-0.08	1.96	-0.12
1964	-0.54	-0.76	-0.28	-0.38	0.96	-0.26	-0.21	-0.38	-0.76	0.24	0.28
1965	-0.24	1.01	0.86	1.73	1.68	0.56	-0.54	0.92	-0.12	2.21	-0.54

年份	不同分区洪涝特征指数标准化值								不同主因子得分		
	1	2	3	4	5	6	7	8	1	2	3
1966	−1.39	−1.57	−1.35	−0.98	−1.06	−1.38	−1.23	−0.91	−1.4	−0.77	−0.13
1967	0.75	0.08	−0.46	0.03	−0.64	−0.84	−1.03	−1.1	0.5	0.18	−2.15
1968	3.59	1.32	2.33	−0.7	−0.34	2.78	2.3	0.89	3.36	−1.9	1.02
1969	−0.64	−0.55	−0.68	−0.03	−0.87	0.36	0.48	0.82	−0.59	−0.84	1.66
1970	−0.57	−0.95	−0.49	−0.51	−0.44	0.6	−0.24	−0.09	−0.43	−0.81	0.77
1971	0.41	0.42	−0.19	−0.22	0.41	0.66	0.41	0.23	0.33	−0.2	0.41
1972	0.2	0.2	0.4	0.66	0.44	−0.29	0.61	1.02	−0.22	0.49	0.85
1973	−0.4	−0.17	−0.46	−0.44	−0.31	−0.77	−0.34	−0.55	−0.33	−0.16	−0.42
1974	−0.84	−0.64	−0.28	0.31	1.26	−1.07	0.41	1.21	−1.62	0.72	1.85
1975	0.54	1.54	0.21	−0.79	−1	0.77	0.38	0.17	1.26	−1.02	−0.1
1976	−1.05	−0.92	−0.89	−0.63	−0.8	−1.28	−1.11	−1.43	−0.78	−0.22	−1.18
1977	0.07	0.01	−0.49	0	0.21	−0.05	−0.16	−0.81	0.1	0.24	−0.89
1978	−1.01	−0.61	−1.32	−1.14	−1.22	−1.07	−1.44	−1.17	−0.68	−0.76	−0.99
1979	−0.07	−0.05	0.21	0.63	−0.08	−0.19	0.02	0.43	−0.17	0.38	0.12
1980	0.51	−0.17	−0.19	−0.6	−0.31	−0.19	0.18	0.53	0.03	−0.78	0.83
1981	−0.54	−0.95	−1.01	−1.07	−1.22	−0.87	−0.72	−0.81	−0.53	−1.09	−0.21
1982	1.12	2.28	1.07	0.5	−0.28	1.58	0.71	0.37	1.97	0.12	−0.8
1983	0.41	0.04	0.15	−0.54	0.31	0.77	0.35	0.37	0.3	−0.56	0.83
1984	0.64	0.45	0.58	−0.06	−0.34	−0.56	−0.18	0.89	0.27	−0.14	0.23
1985	−0.98	−0.92	−0.89	−0.32	−0.93	−0.22	−0.62	−0.71	−0.65	−0.52	−0.19
1986	−0.95	−0.73	−1.17	−0.92	0.37	−0.7	−0.21	−0.16	−1.19	−0.37	0.87
1987	0.2	−0.08	−0.25	−1.11	−0.73	−0.09	0.2	0.17	0.14	−1.25	0.77
1988	−0.34	−0.7	−0.31	−0.51	−0.6	−0.73	−0.8	−0.97	−0.26	−0.3	−0.89
1989	−0.78	−0.33	0.03	−0.16	−0.96	−0.56	−0.39	−0.81	−0.18	−0.21	−0.73
1990	−0.61	−0.55	−0.43	−0.47	1.12	0.12	0	0.46	−0.93	0.04	1.31
1991	0.54	0.29	1.1	0.19	−0.47	1.07	1.51	2.39	0.34	−0.97	2.93
1992	−1.18	−1.42	−1.26	−0.98	−1.32	−1.04	−0.95	−1.2	−0.98	−0.96	−0.37

续表

年份	不同分区洪涝特征指数标准化值								不同主因子得分		
	1	2	3	4	5	6	7	8	1	2	3
1993	−0.03	−0.95	−0.58	−0.35	−0.41	−1.11	−0.85	0.1	−0.73	−0.3	0.1
1994	−0.61	−1.26	−0.52	−1.11	−1.32	−0.97	−1.13	−1.33	−0.42	−1	−0.86
1995	−0.3	−0.42	0	−0.32	−0.38	0.08	−0.36	−0.97	0.1	−0.24	−0.76
1996	0.81	0.45	1.07	0.19	0.6	1.48	0	0.5	0.91	0.1	0.1
1997	−0.51	−0.11	−0.71	0.28	0.57	0.36	−0.62	0.33	−0.6	0.47	0.21
1998	0.68	0.17	0.58	−0.06	−0.05	−0.6	0.74	0.01	0.39	−0.11	0.03
1999	−1.08	−1.23	−0.89	−0.22	−0.96	−1.11	−1	−0.84	−1.01	−0.23	−0.56
2000	0.31	0.88	0.89	1.67	1.16	0.02	−0.11	−0.03	0.37	1.99	−1.45
2001	−1.42	−0.79	−1.69	0.06	−0.8	−1.38	−1.47	−1.36	−1.18	0.38	−1.56
2002	1.35	0.2	0.15	−0.85	−1.13	1.21	0.38	−0.84	1.61	−1.47	−0.64
2003	−0.03	1.57	2.05	2.65	2.95	1.55	2.2	2.16	0.1	2.65	1.69
2004	0.17	0.39	0.37	0.09	−0.51	−0.02	−0.67	−1.23	0.75	0.26	−2.01
2005	0.44	0.95	0	2.8	1.19	0.73	1.87	1.05	0.13	1.98	0.37
2006	−0.81	0.04	0.27	0.31	1.65	0	0.3	1.05	−0.93	0.87	1.46
2007	1.96	1.57	0.98	2.8	2.1	0.25	1.66	2.13	0.65	2.4	0.46

4.2.3　洪涝强度指数

淮河中游以南大部分为丘陵区，各支流河口附近地势低洼，受黄泛淤积及淮河水位的顶托，形成众多湖泊洼地，是蓄洪削峰的天然有利场所；淮河以北为广阔平原，淮北大堤为其防洪屏障。淮河各主要支流如洪汝河、沙颍河、史灌河、淠河、东淝河、西淝河等大都在峡山口以上呈扇形先后汇入淮河，在中游易形成峰高量大的洪水。而淮河中游河道排洪泄水能力不足，形成长时间高水位，因洪致涝、导致严重的"关门淹"。

为了能反映上述洪涝的特点，本次首先根据淮河中游主要控制站王家坝站、正阳关站、蚌埠（吴家渡）站实测水位流量资料，分析各站 1954—2007 年汛期 6—9 月漫滩水位平均值、历时及最大 30d 洪量作为洪涝评估指标系列，然后建立投影寻踪评估模型，寻找出使投影指标函数达到最优的投影值，以此定量描述洪涝大小。

1. 洪涝评估指标

根据主要控制站［王家坝站、正阳关站、蚌埠（吴家渡）站］的实测水位流量资料，分析各站 1954—2007 年汛期 6—9 月漫滩水位平均值、历时及最大 30d 洪量等主要指标，见表 4.13。

表 4.13　　　　　　　　汛期主要控制站洪涝指标

年份	王家坝站		正阳关站		蚌埠（吴家渡）站		最大 30d 洪量/亿 m³		
	$Z_{漫滩}$ /m	$T_{漫滩}$ /h	$Z_{漫滩}$ /m	$T_{漫滩}$ /h	$Z_{漫滩}$ /m	$T_{漫滩}$ /h	$W_{王家坝}$	$W_{正阳关}$	$W_{蚌埠}$
1954	1.87	41	3.06	97	3.04	87	54.8	220.2	247.6
1955	0.75	23	1.45	66	0.88	32	23.6	69.7	72.7
1956	1.26	76	3.25	116	2.55	116	43.5	146.2	154.6
1957	0.00	0	1.89	35	1.64	30	12.4	79.6	101.3
1958	0.80	5	0.76	17	0.13	4	14.0	38.8	45.8
1959	0.17	1	0.00	0	0.00	0	14.4	30.5	34.6
1960	1.25	20	1.54	51	1.05	16	30.7	68.8	75.6
1961	0.00	0	0.00	0	0.00	0	2.9	9.7	13.3
1962	0.93	6	0.70	24	0.10	4	10.8	38.5	57.6
1963	1.15	48	2.61	94	2.02	90	35.4	126.9	154.0
1964	0.16	1	1.51	19	1.01	16	32.6	92.0	104.4
1965	0.86	31	2.65	48	2.13	48	31.0	99.5	125.2
1966	0.00	0	0.00	0	0.00	0	3.5	7.4	9.7
1967	0.57	10	0.23	2	0.00	0	17.4	32.2	38.8
1968	2.09	17	2.36	55	1.91	44	36.5	119.5	127.0
1969	1.14	19	2.50	28	1.61	24	17.4	83.2	99.8
1970	0.82	14	0.89	16	0.17	7	14.9	39.8	55.6
1971	1.42	17	1.93	39	1.00	35	24.6	81.5	95.6
1972	0.99	19	1.43	46	1.21	46	22.4	68.6	101.2
1973	0.58	6	0.49	11	0.00	0	20.8	50.8	62.5
1974	0.00	0	0.00	0	0.00	0	12.3	31.9	40.6
1975	1.57	44	2.36	85	1.59	73	28.6	132.0	136.4
1976	0.00	0	0.17	3	0.00	0	8.1	25.4	29.8
1977	1.08	14	1.27	18	0.25	13	23.3	54.4	66.5
1978	0.41	4	0.00	0	0.00	0	8.5	14.1	9.9
1979	0.92	23	1.52	23	0.70	27	26.7	63.3	80.5
1980	1.20	39	2.06	84	1.27	78	31.0	90.9	110.3
1981	0.00	0	0.00	0	0.00	0	11.0	20.6	31.8
1982	1.71	52	3.50	73	2.66	70	38.4	142.6	158.7

年份	王家坝站		正阳关站		蚌埠（吴家渡）站		最大 30d 洪量/亿 m³		
	$Z_{漫滩}$ /m	$T_{漫滩}$ /h	$Z_{漫滩}$ /m	$T_{漫滩}$ /h	$Z_{漫滩}$ /m	$T_{漫滩}$ /h	$W_{王家坝}$	$W_{正阳关}$	$W_{蚌埠}$
1983	1.17	23	1.69	57	1.14	39	24.6	83.5	95.9
1984	0.78	38	1.68	84	1.28	61	26.8	89.4	116.5
1985	0.00	0	0.00	0	0.00	0	15.6	46.2	64.9
1986	0.90	9	1.39	15	0.46	11	12.4	46.9	61.6
1987	1.39	36	1.39	63	0.98	39	30.3	74.4	90.3
1988	0.31	5	0.00	0	0.00	0	13.6	32.3	43.8
1989	1.18	18	1.11	53	0.89	31	23.1	64.5	83.9
1990	0.71	5	0.42	6	0.00	0	14.6	37.4	52.1
1991	1.71	44	2.64	103	2.16	98	35.6	129.9	153.5
1992	0.00	0	0.00	0	0.00	0	5.7	14.3	20.7
1993	0.00	0	0.00	0	0.00	0	7.6	19.4	30.6
1994	0.00	0	0.00	0	0.00	0	5.9	12.6	12.4
1995	1.14	3	0.00	0	0.00	0	12.3	28.4	38.3
1996	1.51	26	2.29	37	1.62	34	39.0	105.0	115.2
1997	0.85	4	0.00	0	0.00	0	12.9	27.5	35.6
1998	1.34	33	2.20	53	1.65	53	38.6	91.8	107.1
1999	0.00	0	0.00	0	0.00	0	4.5	19.9	25.0
2000	0.85	24	1.41	34	1.19	33	30.9	88.1	111.8
2001	0.00	0	0	0	0	0	8.1	18.6	29.0
2002	1.80	19	2.02	34	1.44	22	26.0	64.7	83.9
2003	1.68	32	2.79	90	2.56	89	40.7	151.0	179.9
2004	0.79	12	0.71	21	0.46	11	25.6	64.4	70.5
2005	1.27	41	2.18	74	1.64	78	40.1	101.7	119.7
2006	0.00	0	0.12	3	0.70	10	17.3	44.4	66.7
2007	2.15	28	3.26	47	2.60	50	51.8	142.6	168.9

注　Z 代表水位，T 代表历时。

2. 淮河洪涝强度指数

根据淮河中游主要水文控制站〔王家坝站、正阳关（鲁台子）站和蚌埠（吴家渡）站〕1954—2007 年实测水文资料，统计了各站汛期漫滩水位平均值、历时及各站最大 30d 洪量，通过建立的投影寻踪模型，计算出洪涝评估指标最优投影方向为

$$a = (0.1905, 0.2826, 0.4110, 0.3919, 0.4384, 0.3968, 0.2709, 0.255, 0.2703)$$

以投影值表示洪涝强度，不同年份洪涝强度计算成果见表 4.14。

表 4.14   洪 涝 强 度 计 算 成 果

年份	洪涝强度	年份	洪涝强度	年份	洪涝强度	年份	洪涝强度
1954	2.54	1968	1.58	1982	2.14	1996	1.40
1955	1.04	1969	1.14	1983	1.18	1997	0.20
1956	2.48	1970	0.48	1984	1.43	1998	1.50
1957	0.92	1971	1.11	1985	0.17	1999	0.04
1958	0.41	1972	1.09	1986	0.59	2000	1.09
1959	0.13	1973	0.37	1987	1.22	2001	0.06
1960	1.04	1974	0.11	1988	0.17	2002	1.14
1961	0.01	1975	1.77	1989	0.97	2003	2.14
1962	0.43	1976	0.10	1990	0.30	2004	0.63
1963	1.98	1977	0.67	1991	2.10	2005	1.71
1964	0.82	1978	0.09	1992	0.04	2006	0.34
1965	1.52	1979	0.89	1993	0.06	2007	1.98
1966	0.00	1980	1.59	1994	0.03		
1967	0.26	1981	0.08	1995	0.22		

从表 4.14 可以看出,淮河洪涝强度整体呈现缓慢下降趋势,强度最大的年份为 1954 年(2.54),最小的为 1966 年(0);从年代来看,20 世纪 60 年代均值为 0.84,70 年代均值为 0.78,80 年代均值为 0.83,90 年代均值为 0.67,2000 年后均值为 1.14,即 2000 年后淮河洪涝强度较 20 世纪各年代均明显偏大,特别是 2003 年、2007 年流域性大洪水和 2002 年、2005 年区域性洪水均造成了一定程度的洪涝灾害。

4.2.4　干支流洪水遭遇度

选择淮河干流王家坝站至蚌埠(吴家渡)站为研究河段,以沙颍河、史灌河、涡河为典型支流,以城东湖、瓦埠湖、花家湖为沿淮洼地典型进行洪水遭遇分析。通过统计分析淮河干流高水位沿程漫滩历时和均值,干支流最大 30d 洪量历时及其遭遇程度(干支流最大 30d 洪量发生时间同时段数/30×100,见式(4.6);同时分析沿淮洼地内水位与淮干高水位遭遇的情形。根据淮河中游洪涝强度的定量描述,将上述表 4.14 中洪涝强度大于等于 2 的年份定为大洪涝年份(共 7 年),洪涝强度在 [1.5,2.0) 区间的定义为中洪涝年份(共 8 年),洪涝强度在 [1.0,1.5) 区间的定义为小洪涝年份(共 11 年),不同洪涝等级的干支流洪水遭遇情况见表 4.15~表 4.17。

$$T_d = [(T_干 \bigcap T_支)/30] \times 100 \qquad (4.6)$$

式中:$T_干$ 为干流最大 30d 洪量发生时段;$T_支$ 为支流最大 30d 洪量发生时段;T_d 为干支流洪水遭遇度。

大洪涝年干支流洪水遭遇分析

表 4.15

年份	干流站名	水位漫滩 主要历时	天数/d	均值/m	最高30d水位时间	最大30d洪量时间	支流 站名	最大30d洪量时间	遭遇度/%	洼地	受顶托情形 主要历时	天数/d	均值/m	闸上/下水位/m
1954	王家坝	5月25—28日；7月5日至8月13日	50	1.59	7月6日至8月4日	7月5日至8月3日	蒋家集	7月3日至8月1日	0.93	东湖闸	5月15日至6月4日；6月25日至7月20日	55	0.90	21.79/ 22.69
	正阳关	5月21日至6月4日；7月4日至9月30日	109	2.84	7月10日至8月8日	7月9日至8月7日	周口	8月5日至9月3日	0.07	东淝河闸	5月15日至6月4日；6月27日至7月22日	49	0.73	20.07/ 20.81
	蚌埠（吴家渡）	7月6日至9月30日	87	3.04	7月21日至8月19日	7月22日至8月20日	蒙城闸	7月5日至8月3日	0.45	西淝河闸	5月9日至6月4日；6月26日至7月27日	72	0.72	19.16/ 19.88
1956	王家坝	6月5—26日；6月29日至7月24日	79	1.22	6月7日至7月6日	6月5日至7月4日	蒋家集	6月27日至7月26日	0.27	东湖闸	6月6日至7月13日；8月4—20日	88	0.82	22.5/ 23.32
	正阳关	6月7日至9月30日	116	3.25	6月12日至7月11日	6月11日至7月10日	周口	7月31日至8月29日	0.00	东淝河闸	5月23日至7月30日；8月5—21日	116	1.27	20.68/ 21.95
	蚌埠（吴家渡）	6月7日至9月30日	116	2.55	6月15日至7月14日	6月17日至7月16日	蒙城闸			西淝河闸	6月14—21日；8月7—15日	46	0.18	20.8/ 20.98
1963	王家坝	7月11—20日；8月8日至9月9日	56	1.08	8月8日至9月6日	8月5日至9月3日	蒋家集	8月9日至9月7日	0.87	东湖闸	5月1日至6月13日；7月11日至9月14日	113	1.43	21.26/ 22.69
	正阳关	5月12日至6月15日；7月13日至9月30日	115	2.27	8月12日至9月10日	8月4日至9月2日	周口	8月9日至9月7日	0.83	东淝河闸	5月13日至6月15日；7月11日至9月18日	113	1.61	20.14/ 21.75
	蚌埠（吴家渡）	5月29日至6月12日；7月15日至9月30日	93	1.97	8月12日至9月10日	8月10日至9月8日	蒙城闸	8月5日至9月3日	0.87	西淝河闸	5月14—17日；7月16—20日	29	0.04	19.63/ 19.67
1982	王家坝	7月16日至9月5日	52	1.71	7月21日至8月19日	7月21日至8月19日	蒋家集	7月14日至8月12日	0.77	东湖闸	7月16日至9月4日	51	2.11	22.54/ 24.66
	正阳关	7月20日至9月30日	73	3.50	8月2—31日	8月2—31日	周口	7月31日至8月29日	0.97	东淝河闸	7月31日至9月8日	87	1.12	20.26/ 21.39
	蚌埠（吴家渡）	7月22日至9月29日	70	2.66	8月4日至9月2日	8月2—31日	蒙城闸	7月31日至8月29日	0.97	西淝河闸	7月14日至9月8日	80	1.33	20.2/ 21.54

续表

年份	干流站名	水位漫滩			最高30d水位时间	最大30d洪量时间	支流站名	最大30d洪量时间	遭遇度/%	洼地	受顶托情形			闸上/下水位/m
		主要历时	天数/d	均值/m							主要历时	天数/d	均值/m	
1991	王家坝	6月14—25日；7月1—19日	49	1.61	6月14日至7月13日	6月13日至7月12日	蒋家集	6月24日至7月23日	0.63	东湖闸	5月25日至7月17日	66	1.24	22.14/23.38
	正阳关	5月31日至6月9日；6月13日至9月14日	104	2.62	6月18日至7月17日	6月16日至7月15日	周口	5月26日至6月24日	0.33	东淝河闸	6月11日至7月18日	55	1.20	21.48/22.67
	蚌埠（吴家渡）	6月13日至9月9日	98	2.16	7月3日至8月1日	6月30日至7月29日	蒙城闸	5月25日至6月23日	0.00	西淝河闸	5月20日至6月9日；7月3—20日	79	0.45	20.6/21.05
2003	王家坝	6月30日至7月29日	35	1.55	6月30日至7月29日	6月28日至7月27日	蒋家集	6月24日至7月23日	0.87	东湖闸	6月24日至7月17日；8月29日至9月14日	54	1.06	22.21/23.27
	正阳关	6月29日至9月26日	90	2.79	7月3日至8月1日	7月2—31日	周口	8月29日至9月27日	0.00	东淝河闸	6月27日至7月29日；8月31日至9月13日	48	1.17	22.34/23.51
	蚌埠（吴家渡）	7月1日至9月27日	89	2.56	7月3日至8月1日	7月3日至8月1日	蒙城闸	8月16日至9月14日	0.00	西淝河闸	6月13—21日；7月3—20日	57	0.28	20.41/20.69
2007	王家坝	7月3—30日	28	1.14	7月3日至8月1日	7月2—31日	蒋家集	7月1—30日	0.97	东湖闸	7月3日至8月1日	34	2.09	22.23/24.32
	正阳关	7月5日至8月20日	47	3.26	7月8日至8月6日	7月6日至8月4日	周口	7月15日至8月13日	0.67	东淝河闸	7月3日至8月1日	37	1.87	21.19/23.06
	蚌埠（吴家渡）	7月6日至8月25日	51	2.55	7月8日至8月6日	7月7日至8月5日	蒙城闸	7月6日至8月4日	1.00	西淝河闸	7月4—26日	68	0.22	19.61/19.84

表4.16　中洪涝年干支流洪水遭遇分析

年份	干流站名	水位漫滩 主要历时	天数/d	均值/m	最高30d水位时间	最大30d洪量时间	支流站名	最大30d洪量时间	遭遇度/%	洼地	受顶托情形 主要历时	天数/d	均值/m	闸上/下水位/m
1968	王家坝	7月14—30日	17	2.09	7月14日至8月12日	7月2—31日	蒋家集	7月2—31日	1.00	东湖闸	7月1日至8月7日；9月21—29日	52	1.59	20.48/22.07
	正阳关	7月4—9日；7月15日至9月1日	55	2.36	7月17日至8月15日	7月16日至8月14日	周口	9月1—30日	0.00	西淝河闸	7月15日至8月12日	35	1.70	21.08/22.79
	蚌埠（吴家渡）	7月16日至8月28日	44	1.91	7月18日至8月16日	7月17日至8月15日	蒙城闸	7月5日至8月3日	0.63	西淝河闸				
1975	王家坝	6月23日至7月14日；8月8—29日	44	1.57	8月8日至9月6日	8月8日至9月6日	蒋家集	6月21日至7月20日	0.00	东湖闸	6月23日至7月19日；8月8日至9月1日	55	2.06	21.45/23.51
	正阳关	6月24日至7月25日；8月9日至9月30日	85	2.36	8月11日至9月9日	8月10日至9月8日	周口	8月6日至9月4日	0.90	东淝河闸	6月23日至7月16日；8月9日至9月7日	74	1.45	19.94/21.39
	蚌埠（吴家渡）	6月25日至7月24日；8月11日至9月22日	73	1.59	8月13日至9月11日	8月12日至9月10日	蒙城闸	7月21日至8月19日	0.30	西淝河闸	6月23日至7月16日；8月9日至9月9日	67	1.31	19.27/20.57
1980	王家坝	6月24日至7月7日；7月19—26日	42	1.15	6月25日至7月24日	6月24日至7月23日	蒋家集	6月24日至7月23日	1.00	东湖闸	6月19日至7月26日	59	1.57	20.91/22.47
	正阳关	6月25日至8月21日；9月16日	84	2.06	6月28日至7月27日	6月27日至7月26日	周口	6月16日至7月15日	0.67	东淝河闸	6月18日至7月16日	62	1.02	19.98/21.00
	蚌埠（吴家渡）	6月25日至8月21日；8月25日至9月13日	78	1.27	6月28日至7月27日	6月26日至7月25日	蒙城闸	6月17日至7月16日	0.73	西淝河闸	6月15日至7月8日；8月24日至9月5日	79	0.49	19.53/20.02

续表

年份	干流站名	水位漫滩					支流		遭遇度/%	洼地	受顶托情形			
		主要历时	天数/d	均值/m	最高30d水位时间	最大30d洪量时间	站名	最大30d洪量时间			主要历时	天数/d	均值/m	闸上/下水位/m
1996	王家坝	6月30日至7月25日	26	1.50	6月29日至7月28日	6月26日至7月25日	蒋家集	6月25日至7月24日	0.97	东湖闸	6月30日至7月27日	34	1.21	21.56/22.77
	正阳关	7月2日至8月8日	38	2.23	7月4日至8月2日	7月2—31日	周口	7月17日至8月15日	0.46	东淝河闸	7月1—31日; 9月19—26日	41	1.32	20.18/21.50
	蚌埠（吴家渡）	7月4日至8月4日	35	1.57	7月5日至8月3日	7月4日至8月2日	蒙城闸	7月4日至8月2日	0.97	西淝河闸	7月18—26日	82	0.13	18.84/18.96
1998	王家坝	7月2—9日; 8月4—26日	41	1.24	8月1—30日	7月31日至8月29日	蒋家集	5月1—30日	0.00	东湖闸	6月30日至7月15日; 8月5—29日	62	1.48	20.93/22.41
	正阳关	7月1—21日; 8月6日至9月4日	57	2.05	8月6日至9月4日	8月5日至9月3日	周口	8月4日至9月2日	1.00	东淝河闸	6月30日至7月15日; 8月7—31日	61	1.16	20.40/21.56
	蚌埠（吴家渡）	7月1—21日; 8月9日—9月5日	54	1.62	8月8日至9月6日	8月7日至9月5日	蒙城闸	8月7日至9月5日	0.80	西淝河闸	8月6—27日	50	0.75	20.15/20.90
2005	王家坝站	7月10—19日; 8月24日至9月10日	42	1.24	7月10日至8月8日	7月10日至8月8日	蒋家集	8月23日至9月21日	0.00	东湖闸	7月10日至8月10日; 8月24日至9月13日	53	1.62	21.68/23.30
	正阳关	7月10日至8月17日; 8月24日至9月26日	75	2.15	8月25日至9月23日	8月25日至9月23日	周口	7月23日至8月21日	0.00	东淝河闸	7月9日至8月10日; 8月25日至9月14日	81	0.93	20.07/21.00
	蚌埠（吴家渡）	7月9日至8月18日; 8月25日至9月30日	78	1.64	7月11日至8月9日	7月10日至8月8日	蒙城闸	7月8日至8月6日	0.97	西淝河闸	7月11—18日; 8月25日至9月11日	75	0.43	19.26/19.69

表 4.17

小洪涝年干支流洪水遭遇分析

年份	干流站名	水位漫滩 主要历时	天数/d	均值/m	最高水位时间	最大30d洪量时间	支流站名	最大30d洪量时间	遭遇度/%	洼地	受顶托情形 主要历时	天数/d	均值/m	闸上/下水位/m
1955	王家坝	7月9—18日；8月22—28日	23	0.75	6月26日至7月25日	6月25日至7月24日	蒋家集	6月25日至7月24日	1.00	东湖闸	6月26日至7月29日；8月5日至9月9日	72	1.53	20.43/21.96
	正阳关	6月29日至7月28日；8月6日至9月10日	66	1.45	8月9日至9月7日	8月7日至9月5日	周口	8月4日至9月2日	0.93	东淝河闸	6月27日至9月20日	91	2.42	17.93/20.35
	蚌埠	7月12—26日；8月22日至9月8日	33	0.85	8月12日至9月10日	8月10日至9月8日	蒙城闸			西淝河闸	6月28日至7月26日；8月16日至9月6日	103	0.60	17.86/18.46
1969	王家坝	5月5—8日；7月13—23日	22	1.12	7月6日至8月4日	7月5日至8月3日	蒋家集	7月5日至8月3日	0.97	东湖闸	5月1—14日；7月8—28日	56	0.93	20.74/21.61
	正阳关	5月1—19日；7月12日至8月8日	47	1.84	7月11日至8月9日	7月9日至8月7日	周口	8月12日至9月10日	0.00	东淝河闸	5月1—21日；7月13—28日	48	1.15	19.64/20.79
	蚌埠（吴家渡）	5月1—11日；7月14日至8月6日	35	1.16	7月13日至8月11日	5月1—30日	蒙城闸	5月1—30日	0.00	西淝河闸	7月7—30日	56	0.92	18.85/19.77
1983	王家坝	7月2—7日；7月23日至8月1日	23	1.17	7月23日至8月21日	7月22日至8月20日	蒋家集	7月22日至8月20日	0.86	东湖闸	6月25日至7月15日；7月23日至8月7日	50	1.16	21.14/22.31
	正阳关	7月1—18日；7月22日至8月25日	58	1.66	7月23日至8月21日	7月23日至8月21日	周口	7月4日至8月2日	0.97	东淝河闸	7月1—13日；7月24日至8月8日	58	0.62	19.59/20.21
	蚌埠（吴家渡）	7月4—14日；7月23日至8月19日	39	1.14	7月24日至8月22日	7月4日至8月2日	蒙城闸		0.40	西淝河闸	6月19日至7月18日；7月22日至8月5日	95	0.50	18.84/19.35
2002	王家坝	6月24日至7月3日；7月25日至8月11日	19	1.80	6月24日至7月23日	6月24日至7月23日	蒋家集	6月24日至7月23日	0.00	东湖闸	6月24日至7月6日；7月24日至8月5日	26	1.60	21.52/23.12
	正阳关	6月25日至7月10日；7月25日至8月1日	34	2.02	7月24日至8月22日	6月13日至7月12日	周口	6月13日至7月12日		东淝河闸	6月24日至7月6日；7月24日至8月6日	31	1.33	20.28/21.61
	蚌埠（吴家渡）	6月28日至7月6日；7月27日至8月8日	22	1.44	7月24日至8月21日		蒙城闸		0.00	西淝河闸	7月27日至8月2日	69	0.60	19.02/19.62

4.3　洪涝变化特点

通过对上述淮河水系 8 个洪涝分区的洪涝降水临界值、洪涝降水指数、洪涝强度指数和干支流洪水遭遇度等进行研究，分析不同暴雨时空分布下洪涝时空分布特征。

4.3.1　洪涝时间分布特点

1. 年内分布

淮河洪涝与暴雨在时间上存在高度一致性，洪涝主要发生在 6—8 月，与暴雨发生的频率相似。通过淮河王家坝站、润河集站、正阳关站等控制站历年最高水位和最大流量分析可知，7 月洪涝次数最多，约占 50%；6 月和 8 月发生洪涝的次数相当，各约占 20%。

一般在 6 月中旬至 7 月上旬，受梅雨期连续强降雨影响，产生持续时间长、范围大、洪水总量大的流域性暴雨洪水，如 1931 年、1954 年、1991 年、2003 年和 2007 年。梅雨期后至 7 月下旬，暴雨所造成洪水的历时、范围均不及梅雨期洪水，但出现的频次要多于梅雨期；8 月受台风影响，其洪水特点是范围小、历时短、强度大，如"75·8"洪汝河、沙颍河洪水。

2. 年际分布

从近 60 年的洪水系列来看，淮河流域洪涝发生频繁，灾害严重，重现期约为 7～8 年；采用快速聚类（K-Mean 聚类）法，根据洪涝样本的投影值大小将历史洪涝分为大洪涝、中洪涝、小洪涝等四类，见表 4.18。

表 4.18　　　　　　　　　洪涝强度级别分类

级别	年份
大洪涝	1954、1956、1963、1982、1991、2003、2007
中洪涝	1965、1968、1975、1980、1984、1996、1998、2005
小洪涝	1955、1957、1960、1964、1969、1971、1972、1977、1979、1983、1986、1987、1989、2000、2002、2004
其余	1958、1959、1961、1962、1966、1967、1970、1973、1974、1976、1978、1981、1985、1988、1990、1992、1993、1994、1995、1997、1999、2001、2006

由表 4.18 可见，大洪涝年份共 7 年；中洪涝年份共 8 年；小洪涝年份共 16 年；其余年份为非洪涝年或干旱年份共 32 年。综合分析，大洪涝、中洪涝和小洪涝重现期分别为 7～8 年、6～7 年和 2～3 年。

4.3.2 洪涝空间分布特点

（1）根据各个分区暴雨洪涝指数，历年不同分区年际暴雨洪涝指数统计见表
4.19 和表 4.20。

表 4.19 各分区暴雨洪涝指数大于 1 的年数统计

分区号	1	2	3	4	5	6	7	8
分区名称	息县站以上	洪汝河	沙颍河	涡浍浍河	沱濉安河	息县站—正阳关站南岸	正阳关—蚌埠（吴家渡）站南岸	蚌埠（吴家渡）站—洪泽湖南岸
洪涝指数>1 的年数/年	5	10	15	17	17	7	18	13

表 4.20 不同分区暴雨洪涝指数平均值及年际变化 C_v 值

分区号	分区名称	时 段					综 合	
		1d	3d	7d	15d	30d	均值	C_v
1	息县站以上	0.85	0.72	0.68	0.65	0.61	0.64	0.61
2	洪汝河	0.85	0.81	0.81	0.78	0.78	0.79	0.48
3	沙颍河	1.02	0.97	0.91	0.88	0.86	0.88	0.52
4	涡浍浍河	1.1	1.08	1.01	0.94	0.92	0.95	0.32
5	沱濉安河	1.05	0.95	0.94	0.89	0.88	0.89	0.36
6	息县—正阳关区间南岸	0.96	0.82	0.74	0.68	0.64	0.68	1.10
7	正阳关—蚌埠（吴家渡）区间南岸	1.00	0.98	0.93	0.88	0.89	0.90	0.43
8	蚌埠（吴家渡）—洪泽湖区间南岸	0.91	0.85	0.8	0.77	0.77	0.78	0.65

流域洪涝的空间分布差异较大，通过 8 个洪涝分区的洪涝指数和发生洪涝年
数分析，北部地区大于南部地区，平原地区大于山丘地区，其中沙颍河、涡浍浍
河和沱濉安河洪涝指数最高，均在 0.8 以上，属于洪涝最严重地区。息县站以上
地区洪涝指数最小，为 0.6，属于洪涝轻度地区；从各分区发生洪涝年数来看，
沙颍河、涡浍浍河和沱濉安河均在 17 年以上，平均 4～5 年就会发生 1 次涝灾。
息县站以上地区 5 年为最小，平均 10 年发生 1 次洪灾。

由分区暴雨洪涝指数及统计分析可知，淮北平原区多年平均洪涝最为严重，
而且年际间变化相对较小，洪涝重现期为 3～4 年；山丘区的洪涝极值较大，易
发生极端洪涝，年际间变化大，而且空间分布也不均衡。

（2）根据因子分析可知，淮河水系洪涝主要由上中游山丘及主要支流、淮
北平原区和中下游丘陵区的暴雨所致。比较分析 1954 年、1956 年、1963 年、
1982 年、1991 年、2003 年和 2007 年几个较大洪涝年份的暴雨洪涝指数，见
表 4.21。

表 4.21 流域暴雨洪涝指数

年份	不同分区洪涝特征指数标准化值								不同主因子得分		
	1	2	3	4	5	6	7	8	1	2	3
1954	2.94	3.46	3.03	1.86	1.68	3.22	3.05	1.77	3.32	1.11	0.39
1956	0.61	1.94	2.42	1.01	0.86	1.14	1.89	1.73	1.15	0.73	1.26
1963	0.07	0.60	1.16	1.39	2.07	0.43	0.12	0.69	−0.08	1.96	−0.12
1982	1.12	2.28	1.07	0.50	−0.28	1.58	0.71	0.37	1.97	0.12	−0.8
1991	0.54	0.29	1.10	0.19	−0.47	1.07	1.51	2.39	0.34	−0.97	2.93
2003	−0.03	1.57	2.05	2.65	2.95	1.55	2.20	2.16	0.10	2.65	1.69
2007	1.96	1.57	0.98	2.80	2.10	0.25	1.66	2.13	0.65	2.40	0.46

由表4.21，可以分析比较各个较大洪涝年份的洪涝量级及时空分布，如1954年洪水，各分区洪涝指数均较大，其中上中游山丘及主要支流区的暴雨尤为突出；2003年洪水，除息县站以上分区洪涝指数较小外，主要支流及淮北平原区洪涝指数较大，其中淮南山丘区和淮北平原区尤为突出。

总之，平原区的多年平均洪涝指数要大于山丘区的多年平均洪涝指数，而且降雨较为集中，年际间变化比较小。山丘区分布较广，易发生洪涝极值，年际间变化大；当发生较大洪涝时，全部或部分山丘区暴雨是产生较大洪涝的主要成因。

通过分析洪涝强度及其受（成）灾面积，间接体现了流域防洪除涝能力的提升，反映了水利工程的防洪除涝效益。

4.3.3 不同量级干支流洪水遭遇

分析淮河干流高水位沿程漫滩历时、均值、干支流最大30d洪量历时及其遭遇度，研究淮河干流与支流、沿淮洼地洪水的遭遇情况。通过不同量级洪涝的干支流洪水遭遇分析，得出以下结论：

（1）淮河中游洪水漫滩频繁。一般而言，洪涝级别越大，水位就越高，洪水漫滩持续时间长，正阳关站—蚌埠站区间的漫滩水位平均历时和均值要大于王家坝—正阳关站区间漫滩水位的统计值。不同量级洪涝水位漫滩均值和平均历时统计见表4.22。

表 4.22 不同量级洪涝水位漫滩均值和平均历时统计

站　名		大洪涝	中洪涝	小洪涝
王家坝	平均历时/d	50	35	22
	漫滩均值/m	1.40	1.39	1.18

续表

站　　名		大洪涝	中洪涝	小洪涝
正阳关	平均历时/d	93	66	51
	漫滩均值/m	2.87	2.20	1.69
蚌埠 （吴家渡）	平均历时/d	86	60	32
	漫滩均值/m	2.48	1.57	1.12

　　由表 4.22 分析可知，洪涝级别越大，水位就越高，大洪涝各站漫滩平均历时比一般洪涝漫滩平均历时大约长一个月，中洪涝漫滩平均历时比小洪涝漫滩平均历时长半个月至一个月。从漫滩历时和均值来分析，不同量级洪涝，正阳关（鲁台子）站—蚌埠（吴家渡）站区间洪涝最为严重。

　　（2）淮河中游沿淮洼地、湖泊受淮河干流高水位顶托严重，历时较长；洪涝越大，内水位越高，外水位也越高。不同量级洪涝内外水位统计见表 4.23。

表 4.23　　　　　　　　　　　　不同量级洪涝内外水位统计

站　　名		大洪涝	中洪涝	小洪涝
城东湖	历时/d	66	53	51
	均值/m	1.30	1.61	1.28
	闸上/下平均水位/m	22.01/23.31	21.14/22.75	20.82/22.10
瓦埠湖	历时/d	72	59	57
	均值/m	1.29	1.22	1.55
	闸上/下平均水位/m	20.71/22.00	20.19/21.41	19.03/20.58
花家湖	历时/d	62	59	81
	均值/m	0.54	0.59	0.63
	闸上/下平均水位/m	20.06/20.60	19.35/19.94	18.57/19.20

　　由表 4.23 分析可知，不同量级洪涝条件下，淮河中游沿淮洼地、湖泊均受到淮河干流洪水位的顶托，受顶托的程度和历时并不受洪涝量级大小不同而改变，不过闸上下水位随着洪涝量级的减小而降低。

　　淮河中游沿淮洼地、湖泊水位受淮河干流水位顶托影响严重。1954 年、1956 年、1963 年、1982 年、1991 年、2003 年和 2007 年淮河中游沿淮洼地、湖泊水位比淮河干流洪水位平均低 1m 左右，东湖闸最高水位比淮河干流水位低2.11m；顶托历时平均约为 66d，最高东淝河闸站达到 116d。淮河干流洪水顶托造成沿淮洼地来水无法外排，形成"关门淹"，淹没水深大，持续时间长，洼地淹没水深一般在 2.0～4.0m，淹没时间一般在 30～60d。

　　（3）通过淮河干流来水与各支流洪水遭遇度分析，王家坝站以上来水与蒋家集站遭遇程度最高，平均遭遇度达到 0.6，淮河干流正阳关站以上来水与沙颍河洪水的遭遇度以及蚌埠（吴家渡）站以上来水与涡河来水的遭遇度基本相当，平均为 0.4，因此淮南山丘区最易与淮河干流并发洪水。

4.4 洪涝灾害划分

4.4.1 洪涝灾害的定义

洪涝灾害在成灾原因、灾害程度和治理措施上既有不同，但又相互联系，很难截然划分。洪灾是指因气候季节性变化引起的特大地表径流不能被河道容纳而泛滥，或因山洪暴发而使江河水位陡涨，导致河堤决口、水库溃坝、道路和桥梁被毁、城镇和农田淹没的现象，洪灾具有突发性强、水量集中、破坏力大等特点。与洪灾相比，涝灾又呈现出一些不同点：

（1）就空间而言，涝灾大多数发生在平原区。

（2）在发生时间上，涝灾可能发生在客水到来之前，也可能发生在客水过境之后，若与客水同时发生，后果较为严重。

（3）涝灾一般不至于造成人员、牲畜大量死亡和大量建筑物的冲毁。

（4）涝灾表现形式比较单一，既不携带泥沙也不带来外地的冲积物。

（5）涝灾是慢性的、迟缓的，具有一定的缓冲时间。此外，洪涝可以相互转化，洪水溃坝毁堤以后可以成涝；而行洪时排涝流向下游，可以增加下游的洪水成灾水量，带来洪灾。洪灾与涝灾有着本质上的区别，可很多时候往往将洪灾和涝灾混淆，不予以划分。

洪涝灾害划分是指在一定时期内，研究区洪涝灾害损失中洪灾损失和涝灾损失各占多少的问题。为了比较确切地计算出洪灾、涝灾各自的损失，进行洪涝灾害损失数量关系研究，应当对洪灾和涝灾有一个较科学的划分。在总结已有研究成果的基础上，综合考虑主水与客水关系、内河与外河水位的遭遇关系，全流域暴雨与排水区内暴雨的时空分布关系以及暴雨过程中是否有溃堤现象发生，洪灾和涝灾的综合划分原则总结如下：

（1）外河水位过高导致溃堤或者是排水区内河出现山洪、洪水溃堤造成的损失全部属于洪灾。

（2）外河水位低于设计水位，或者虽然外河水位高于设计水位但外河没有发生溃堤且排水区内河未出现山洪与溃堤，排涝设施不能将雨水及时排出所造成的损失全部属于涝灾。

（3）外河与排水区内河均未出现山洪与溃堤，且排涝设施有足够排水能力排除剩余积水量，但因为不允许向外河排水或者是外河水位高于设计水位导致当时排涝设施的排水能力降低所造成的损失属于因洪致涝。

（4）流域上游未发生暴雨过程，外河水位低于设计洪水位，因排水区内排涝设施超标准排除内涝积水量致使外河发生溃堤所造成的损失属于因涝致洪。

上述洪涝划分原则中的前两种情况不存在洪涝灾害损失划分问题，对于后两种情况按照情景分析法进行洪涝灾害损失的划分，即通过对照发生因洪致涝（因涝致洪）和没有发生因洪致涝（因涝致洪）两种情景下的水文过程来划分洪涝灾害损失。下面以因洪致涝情况为例说明洪涝灾害的划分方法，对于因涝致洪条件下的洪涝灾害划分方法依此类推。

假设在外河水位完全可以满足子流域现有的排涝能力排涝的情况下，对不同重现期暴雨进行排水径流模拟，模拟研究区水位过程线，如图 4.2 和图 4.3 中的实线所示，其中最高水位为 H_1。当研究区水位超过 H_0（涝灾承灾水位）后成灾，若 $H_1 \leqslant H_0$ 则不成灾，如图 4.2 所示；若 $H_1 > H_0$ 则成灾，如图 4.3 所示，且最大淹没历时为（$T_2 - T_1$），成灾水量为图 4.3 中的实心阴影对应的部分，为涝灾，对应的损失为涝灾损失。

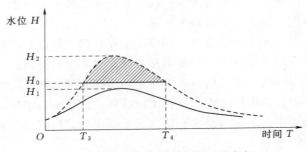

图 4.2　受灾区水位历时曲线（不成灾）

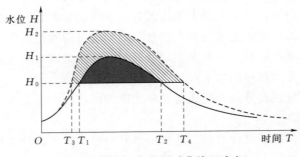

图 4.3　受灾区水位历时曲线（成灾）

在成灾暴雨等初始条件相同情况下，若流域暴雨，外河水位过高，子流域不允许排涝或允许排涝但不能达到最大排涝能力的情况下，通过排水径流模拟分析可得研究区水位过程线，如图 4.2 和图 4.3 中的虚线所示，研究区水位达到 H_0 以后成灾，则最大淹没历时为 $(T_4 - T_3)$，成灾水量为图 4.2 和图 4.3 中的阴影部分，其中斜线阴影部分对应的成灾水量为洪灾水量，图 4.3 中实心阴影部分对应的成灾水量为涝灾水量，并可据此计算出涝灾损失。总损失减去涝灾损失即为洪灾损失。

这里选取沱湖上游，唐河地下涵以上区为研究区，通过研究区内排水沟渠控制断面水情等资料，定量分析洪涝灾害划分方法及其淹没损失特征。

4.4.2 河道排涝水位与涝灾成灾水位

河道设计排涝水位是河道排泄设计排涝流量或满足排涝要求时的水位，主要依据其出口的水位及沿河两侧的地面高程确定，以该水位下两岸绝大部分地区能自排为原则。唐河于泗县樊集入沱湖，其出口水位应由沱湖的水位决定。根据《怀洪新河续建工程初步设计》，沱湖 5 年一遇内水水位为 15.63m（废黄河高程）。由于樊集距沱湖的湖心约 16km，该段近似于宽浅河道，因此根据沱湖湖区 1:5000 地形图概化出部分横断面，并由 15.50m（黄海高程）作为湖心水位向上推算至樊集，结果为 15.87m，以此作为唐河的出口水位，而研究区（唐河地下涵以上区域）各控制断面根据唐河水面过程线逐步往上推求而得。河道各控制断面的设计排涝水位和排涝流量见表 4.24。

表 4.24 研究区各主要控制断面设计排涝水位与涝灾成灾水位

控制节点	集水面积/km²	排涝水位/m	排涝流量/(m³/s)	成灾水位/m
牛栏沟站	36.2	23.53～20.77	26.9	23.10～20.50
新河口站	181.3	20.77	96.0	20.50
阎河口站	465.1	20.14	191.4	19.90
岳洪河口站	651.5	19.46	239.6	19.25
唐河地下涵	733.0	19.43	244.3	19.20

由于河道设计排涝水位是河道排泄设计排涝流量或满足排涝要求时的水位，当河道水位处于设计排涝水位时，河道正处于排涝过程中，此时河道控制点控制区域内仍有农田受涝。为确定河道控制点控制区内农田受涝与否的临界水位，即河道涝灾成灾水位。涝灾成灾水位是指河道控制点控制区内农田受涝与否的临界水位，当河道控制断面水位高于其涝灾成灾水位时，则认为该断面控制区内排水沟渠排涝还未结束，仍有农田受涝；反之，则断面控制区内排水沟渠排涝结束，农田能自流排除的涝水已全部排除。根据唐河地下涵以上区 1:1 万地形图，结合排水沟渠排涝水面过程线，则可推求河道各控制断面的涝灾成灾水位，具体列于表 4.24 中。

4.4.3　不同情景下暴雨径流模拟

　　依据前述洪涝划分原则，本研究中假设唐河地下涵下游水位完全满足研究区现有排涝能力排涝的情况下，取在暴雨后需排涝时唐河地下涵下游水位保持在19.00m（根据唐河地下涵过流能力及涝灾成灾水位推得，即唐河地下涵下游水位在19.00m 以下时，就能满足唐河地下涵周边农田不受涝），以此作为典型区出口断面的边界条件进行 20 年一遇的暴雨径流模拟，各主要控制断面实情及假设情景下水位过程线比较图，如图 4.4～图 4.8 所示。

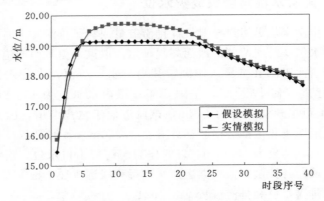

图 4.4　唐河地下涵断面实情及假设模拟 20 年一遇的水位过程线

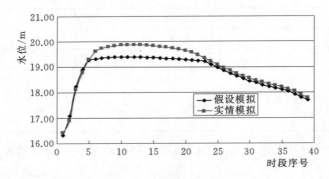

图 4.5　岳洪河口断面实情及假设模拟 20 年一遇的水位过程线

　　在假设唐河地下涵下游水位完全满足上游排涝情景下，唐河地下涵断面水位过程明显降低，最高水位降低了 0.57m；岳洪河口断面水位过程也有明显降低，最高水位降低了 0.49m；阎河口及新河口断面水位过程也有一定程度的降低，最高水位分别降低了 0.16m 和 0.11m；研究区最上游的牛栏沟断面水面过程线几乎与实时过程线完全一致。

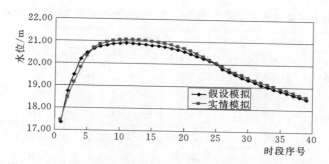

图 4.6　阎河口断面实情及假设模拟 20 年一遇的水位过程线

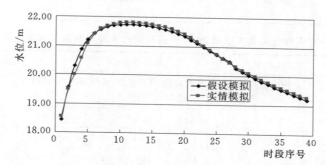

图 4.7　新河口断面实情及假设模拟 20 年一遇的水位过程线

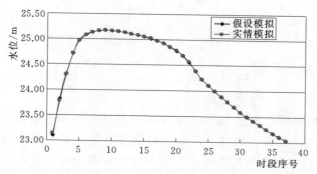

图 4.8　牛栏沟断面实情及假设模拟 20 年一遇的水位过程线

4.4.4　不同情景下洪涝淹没范围计算

　　根据不同情景下的各主要控制断面的水位及流量过程，结合 1m 等高线的 1∶1 万地形图，考虑涝水汇集小沟—中沟—大沟—河道的水面过程线，可推求研究区实情及假设情景下河道各主要控制断面控制面积内的淹没范围、淹没水深及淹没历时。具体见表 4.25 和表 4.26。

表 4.25　研究区实际情景下模拟 20 年一遇降雨时各控制断面的淹没程度

控制断面	淹没程度 I			淹没程度 II			淹没程度 III		
	淹没面积/亩	淹没水深/cm	淹没历时/d	淹没面积/亩	淹没水深/cm	淹没历时/d	淹没面积/亩	淹没水深/cm	淹没历时/d
牛栏沟站	3444	25~35	3~4	6512	15~25	2.5~3	1300	10~15	2~2.5
新河口站	14654	25~35	3~4	45785	15~25	2.5~3	28304	10~15	2~2.5
阎河口站	121910	25~35	3~4	79803	15~25	2.5~3	54342	10~15	2~2.5
岳洪河口站	72869	25~35	3~4	52405	15~25	2.5~3	24901	10~15	2~2.5
唐河地下涵	13501	25~35	3~4	16199	15~25	2.5~3	21968	10~15	2~2.5
合计	226379			200704			130815		

表 4.26　研究区假设情景下模拟 20 年一遇降雨时各控制断面的淹没程度

控制断面	淹没程度 I			淹没程度 II			淹没程度 III		
	淹没面积/亩	淹没水深/cm	淹没历时/d	淹没面积/亩	淹没水深/cm	淹没历时/d	淹没面积/亩	淹没水深/cm	淹没历时/d
牛栏沟站	3444	25~35	3~4	6512	15~25	2.5~3	1300	10~15	2~2.5
新河口站	9525	25~35	3~4	29760	15~25	2.5~3	18397	10~15	2~2.5
阎河口站	64765	25~35	3~4	42844	15~25	2.5~3	28869	10~15	2~2.5
岳洪河口站	0	25~35	3~4	6100	15~25	2.5~3	12727	10~15	2~2.5
唐河地下涵	0	25~35	3~4	0	15~25	2.5~3	0	10~15	2~2.5
合计	77733			85216			61293		

4.4.5　洪涝损失分析

1. 典型作物受淹损失率分析

本书中分析研究区遭遇 20 年一遇降雨时现状工程及下游出口断面完全满足排涝要求时的洪涝损失，来初步研究洪涝损失数量关系。据调查，研究区遭遇 20 年一遇暴雨时，河道及主要排水沟没有发生溃堤现象，受淹损失以农作物损失为主，为此，本书中计算洪涝损失主要考虑农作物的损失。

唐河地下涵以上区域地处淮北平原中北部。依据在新马桥农水综合试验站进行的典型作物受涝试验及 2010 年 9 月初淮北平原区受涝损失实地调研成果，推求大豆和玉米这两种作物在不同生长期不同淹没程度下（包括淹没水深和淹没历时）的受涝损失率，见表 4.27。

2. 典型作物种植结构及正常产量计算分析

选取宿州市 2009 年大豆和玉米的种植比例作为研究区内主要秋季作物的种植比例来进行洪涝损失计算。具体种植比例为大豆 33.5%、玉米 41.7%、其他

表 4.27　　典型农作物不同生长期不同受淹没程度的受涝损失率

生长期	大　豆			玉　米		
	淹没水深 /cm	淹没历时 /d	损失率	淹没水深 /cm	淹没历时 /d	损失率
苗期 （6 月 12 日至 7 月 20 日）	5～10	1.5～2	0.06～0.16	5～10	1.5～2	0.2～0.32
	10～20	1.5～2.5	0.14～0.28	10～20	1.5～2.5	0.18～0.58
	20～35	2～3.5	0.21～0.64	20～35	2～3.5	0.49～0.88
	35 以上	4 以上	1	35 以上	4 以上	1
分枝（拔节）期 （7 月 21—31 日）	5～10	1.5～2	0.09～0.22	5～10	1.5～2	0.15～0.26
	10～20	1.5～2.5	0.17～0.33	10～20	1.5～2.5	0.22～0.36
	20～30	2～3.5	0.26～0.57	20～30	2～3.5	0.34～0.43
	30～40	3～4	0.51～0.81	30～40	3～4	0.41～0.52
	40 以上	4 以上	1	40 以上	4 以上	0.52～1
花荚（抽雄）期 （8 月 1—20 日）	5～10	1.5～2	0.11～0.26	5～10	1.5～2	0.12～0.23
	10～20	1.5～2.5	0.16～0.37	10～20	1.5～2.5	0.18～0.31
	20～30	2～3.5	0.29～0.63	20～30	2～3.5	0.21～0.36
	30～40	3～4	0.58～0.89	30～40	3～4	0.33～0.42
	40 以上	4 以上	1	40 以上	4 以上	0.42～1
灌浆成熟期 （8 月 21 日至 9 月 22 日）	5～10	1.5～2	0.08～0.21	5～10	1.5～2	0.06～0.12
	10～20	1.5～2.5	0.18～0.36	10～20	1.5～2.5	0.09～0.18
	20～30	2～3.5	0.34～0.59	20～30	2～3.5	0.13～0.24
	30～40	3～4	0.48～0.77	30～40	3～4	0.17～0.36
	40 以上	4 以上	1	40 以上	4 以上	0.36～1

注　由于试验测坑条件的限制，对大豆和玉米的受涝综合试验只能淹没 7～10cm，而分别进行了不同生长期和不同淹没历时情况下作物的损失试验，2010 年 9 月初的实地受涝损失调研，调研得到作物不同淹没水深和不同淹没历时的损失率，这只得到作物灌浆成熟期内的受淹没损失情况，其余三个生长期的受淹损失率均以大豆和玉米专项受淹试验中得到的不同生长期的耐淹能力差异为依据，同时结合多年作物受淹试验和农业生产实践经验而定。

24.8%。选取 17 年间基本不受任何灾害影响的 4 年玉米单产统计数据，运用非线性对数回归法，得出玉米正常产量（D_1）随时间（t）的回归模型：

$$D_1 = 45.486\ln(t) + 719.5 \quad （1993 年 t = 1, R^2 = 0.9878） \tag{4.7}$$

绘制玉米正常单产回归曲线，如图 4.9 所示。

2009 年玉米正常单产为 848.37 斤/亩，其值反映了玉米在剔除所有灾害影响后的正常单产。为此，在本书中，选取 2009 年玉米正常单产的回归模型计算值 848.37 斤/亩为玉米的正常产量水平来计算流域除涝效益。

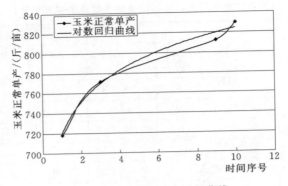

图 4.9　玉米正常单产回归曲线

选取 17 年间基本不受任何灾害影响的 5 年大豆单产统计数据，运用非线性对数回归法，得出大豆正常产量（D_2）随时间（t）的回归模型：

$$D_2 = 30.872\ln t + 202.75 \quad (1993 年 t = 1, R^2 = 0.9268) \quad (4.8)$$

绘制大豆正常单产回归曲线图，如图 4.10 所示。

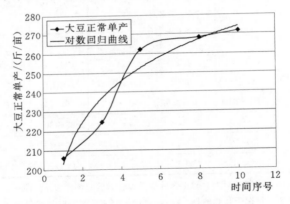

图 4.10　大豆正常单产回归曲线

2009 年大豆正常单产为 290.21 斤/亩，其值反映了大豆在剔除所有灾害影响后的正常单产。为此，在本书中，选取 2009 年大豆正常单产的回归模型计算值 290.21 斤/亩为大豆的正常产量水平来计算流域除涝效益。

3. 洪涝损失数量关系分析

据统计，研究区的洪涝灾害损失很大程度上是因受唐河地下涵下游水位的顶托，抬高了唐河地下涵以上河道水位，使得洪水在一定程度上不能及时排除而致。根据洪涝划分原则：全流域普降暴雨，干流与子流域未出现山洪及溃堤，若外排条件较好，子流域有足够能力排除积水但因不允许排水所造成的损失，或者因外排条件较差（如唐河地下涵下游水位过高）使得子流域没有能力排除积水或子流域排水能力降低而造成的损失，都归于因洪致涝。

由前述研究区不同情景下的淹没范围、典型作物不同受淹程度下的损失率、典型作物种植结构以及各典型作物正常产量等，则可分别计算研究区不同情景下的受涝损失量。具体计算公式为

$$Y_{ik} = S_i \beta_{ik} \eta_k D_k V_k \tag{4.9}$$

式中：Y_{ik} 为第 k 种作物在不同情景下的受淹损失；S_i 为研究区不同情景下的淹没范围；β_{ik} 为第 k 种作物对应 S_i 淹没程度下的受淹损失率；η_k 为第 k 种作物的种植比例；D_k 为第 k 种作物的正常产量；V_k 为第 k 种作物的单价。

研究区主要控制断面不同情景下的受淹损失见表 4.28。

表 4.28　　　　　　　　研究区主要控制断面不同情景下的受淹损失　　　　　　单位：万元

控制断面	苗　期		分枝（拔节）期		花荚（抽雄）期		灌浆成熟期	
	实际情景	假设情景	实际情景	假设情景	实际情景	假设情景	实际情景	假设情景
牛栏沟站	334.3	334.3	308.3	308.3	275.2	275.2	208.9	208.9
新河口站	2226.7	1447.3	2145.9	1394.8	1928.5	1253.6	1431.2	930.3
阎河口站	8180.3	4357.0	7251.1	3863.5	6436.8	3429.8	5045.7	2687.8
岳洪河口站	4890.8	349.2	4326.9	365.3	3839.6	332.0	3009.0	238.3
唐河地下涵	1336.3	0	1253.7	0	1122.6	0	852.9	0
共计	16968.4	6487.8	15285.9	5931.9	13602.7	5290.0	10547.7	4065.3

由表 4.28 可知，研究区在作物（大豆和玉米）苗期遭遇 20 年一遇暴雨时，实际情景下的受淹损失为 16968.4 万元，而假设情景下的受淹损失为 6487.8 万元。研究区受到唐河地下涵下游水位的顶托，加剧了受淹损失，依据洪涝划分原则，研究区遭遇 20 年一遇暴雨时属于因洪致涝，则可据此对洪涝进行划分，研究区在作物苗期实际遭遇 20 年一遇暴雨时的受淹总损失为 16968.4 万元，其中因洪致涝损失为 10480.6 万元，占总损失的 61.77%。依此类推，可划分研究区在其他时期遭遇暴雨时的受淹损失，具体划分结果如下：研究区在作物分枝（拔节）期实际遭遇 20 年一遇暴雨时的受淹总损失为 15285.9 万元，其中因洪致涝损失为 9354.0 万元，占总损失的 61.19%；研究区在作物花荚（抽雄）期实际遭遇 20 年一遇暴雨时的受淹总损失为 13602.7 万元，其中因洪致涝损失为 8312.1 万元，占总损失的 61.11%；研究区在作物灌浆成熟期实际遭遇 20 年一遇暴雨时的受淹总损失为 10547.7 万元，其中因洪致涝损失为 6482.4 万元，占总损失的 61.15%。这表明：研究区因洪致涝非常严重，唐河地下涵下游高水位对上游泄洪除涝的顶托非常明显，加剧了上游的受淹损失，加剧的受淹损失占总损失的 61% 以上。

4.5　旱涝急转

4.5.1　旱涝急转的定义

从气候平均来看，4—5 月我国降水主要集中在华南地区，即华南前汛期，而此时淮河流域处于降水偏少时期，易出现春旱和初夏旱。6 月中旬，随着副热带高压第一次北跳，雨带北移，江淮流域进入梅雨季节。受梅雨雨带北缘影响，包括干流在内的流域南部降水逐渐增多。因此，淮河流域降水从春季到夏季本身就具有由少转多的特征，这是由东亚季风气候的特点所决定的，也是季风雨带由南向北推进的具体表现。旱涝急转是这一特征的极端表现形式，其主要特征是前期春季异常少雨，而梅雨、雨季期间暴雨过程频繁，导致由旱到涝的迅速转换，较一般的旱涝交替变化更加剧烈。

本书旱涝急转的判断标准和步骤是：首先，利用 4—8 月各区逐日平均降水量计算标准化降水指数（standardized precipitation index，以下简称 SPI）滚动监测各区气象旱涝演变，前期有达到连续 20d 的监测结果显示为旱，由于出现强降水，SPI 在 10d 以内迅速由旱转涝，且涝期持续 20d 以上，SPI 大于等于 0.5 为涝，小于等于 −0.5 为旱。同时，计算逐日复合气象干旱指数（Ci）进行对比，Ci 值采用近 30d（月尺度）和近 90d（季尺度）降水量标准化降水指数，以及近 30d 相对湿润指数进行综合而得，该指标既反映短时间尺度（月）和长时间尺度（季）降水量气候异常情况，又反映短时间尺度水分亏欠情况。在前期 30~90d 也同时为干旱的前提下，再结合水文和灾情资料对初选出的事件进行筛选。涝期主要水文站点水位需出现迅速上涨，并有明显灾情。符合以上条件确定为一次旱涝急转事件。

4.5.2　时空分布及雨水情特征

4.5.2.1　时空分布

考虑到流域的气候差异，参照水资源二级分区，将淮河流域划分为 6 个区域进行研究（图 4.11），分别为王家坝站以上（1 区）、王家坝站—洪泽湖区间北区（2 区）、淮河干流以南（3 区）、南四湖（4 区）、沂沭河（5 区）和里下河（6 区）。

表 4.29 为按照 4.5.1 节标准挑选出的各区旱涝急转典型年份及各次事件的旱期和涝期统计表。1960—2009 年共 50 年间，淮河流域共有 13 年出现了旱涝急转，约 4 年一遇；各区域总共有 22 次旱涝急转事件，其中干流以南区次数最多，有 7 次，其次是里下河区，有 6 次，王家坝站以上区发生过 4 次，其余各区发生次数较少，只发生过 1~2 次。

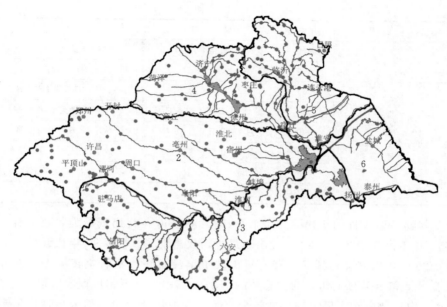

图 4.11　淮河流域水资源二级分区

1，2，…，6—水资源二级分区

表 4.29　淮河流域各区旱涝急转典型年份及各次事件的旱期和涝期统计表

区　域	年份	旱　期	涝　期
王家坝站以上区	1965	5 月 27 日至 6 月 30 日	7 月 9 日至 8 月 31 日
	1982	6 月 24 日至 7 月 13 日	7 月 19 日至 9 月 20 日
	2000	3 月 6 日至 5 月 24 日	6 月 2 日至 8 月 11 日
	2003	6 月 2—21 日	6 月 29 日至 8 月 1 日
王家坝站—洪泽湖区间北区	1965	5 月 27 日至 7 月 2 日	7 月 9 日至 8 月 11 日
淮河干流以南区	1968	6 月 3—29 日	7 月 4 日至 8 月 12 日
	1969	6 月 11 日至 7 月 3 日	7 月 12 日至 8 月 10 日
	1972	5 月 19 日至 6 月 20 日	6 月 22 日至 7 月 21 日
	2000	3 月 1 日至 5 月 30 日	6 月 2 日至 7 月 2 日
	2003	6 月 3—22 日	7 月 1 日至 8 月 7 日
	2006	6 月 10—29 日	7 月 5 日至 8 月 18 日
	2007	6 月 10—30 日	7 月 7 日至 8 月 7 日
南四湖区	1960	6 月 7—26 日	7 月 2 日至 8 月 4 日
	1974	6 月 27 日至 7 月 22 日	8 月 1 日至 9 月 2 日

续表

区　域	年份	旱　期	涝　期
沂沭河区	1997	6 月 10 日至 8 月 18 日	8 月 20 日至 9 月 17 日
	2006	6 月 4—28 日	7 月 3—21 日
里下河区	1965	5 月 28 日至 6 月 30 日	7 月 3 日至 9 月 19 日
	1969	6 月 11 日至 7 月 6 日	7 月 12 日至 8 月 14 日
	1996	5 月 28 日至 6 月 16 日	6 月 19 日至 8 月 2 日
	2003	5 月 25 日至 6 月 26 日	7 月 1 日至 8 月 8 日
	2006	6 月 8—26 日	7 月 1—30 日
	2007	6 月 11—30 日	7 月 6 日至 8 月 5 日

从旱涝急转事件的年代际分布来看，20 世纪 60 年代出现最为频繁，有 4 年之多，70 年代开始减少，80 年代出现最少，仅出现了 1 年，90 年代开始又有所回升，2000 年以来又趋频繁，有 4 年出现了旱涝急转。旱涝急转事件大部分集中在 6 月下旬至 7 月上旬，约占总数的 73%，其中 6 月下旬出现次数最多，有 9 次，7 月中旬及中旬之后出现次数较少，而 5 月中旬及中旬之前未出现过旱涝急转事件。

采用涝期、旱期累计 SPI 之差反映旱涝急转事件的强度，即

$$I_2 = \frac{\sum_{k=1}^{20} SPI_{(t_2+k-1)} - \sum_{k=1}^{10} SPI_{(t_1-k+1)}}{30} \tag{4.10}$$

式中：分子为 20d 涝期累积 SPI 与旱期 10d 累积 SPI 之差；t_1 为旱期最后一天；t_2 为涝期第一天；k 为天数。

表 4.30 为各区历次旱涝急转事件的强度和水位涨幅，可以看出：较强的旱涝急转事件有王家坝站以上区 1982 年，王家坝站—洪泽湖区间北区 1965 年，淮河干流以南区 1968 年、2003 年、2007 年，南四湖区 1960 年、1974 年，里下河区 1969 年、2003 年、2006 年、2007 年。里下河区和淮河干流以南区是强旱涝急转事件的多发地，而沂沭河区内旱涝急转事件的平均强度最弱。根据水文资料比对分析，上述较强的事件，除南四湖、沂沭河、里下河区无合适水位站可反映外，王家坝站以上、王家坝站—洪泽湖区间北区、干流以南区对应的水位涨幅均达到或超过了各区平均的水位涨幅，表明具有一定的水文依据。

从强旱涝急转事件的年代际分布来看，20 世纪 60 年代有 4 年，70—80 年代各有 1 年，90 年代没有发生过，而 2000 年以来有 3 次，与旱涝急转年代际特征基本一致。

表 4.30　　　　淮河流域各区历次旱涝急转事件的强度和水位涨幅

区　域	年份	强度指数	水位涨幅/m			
			王家坝站	正阳关站	蚌埠（吴家渡）站	蒋坝站
王家坝站以上区	1965	1.2	7.5	8.2	9.3	2.7
	1982	1.5	9.5	9.2	10.0	1.8
	2000	1.2	9.8	6.6	8.8	2.4
	2003	1.2	9.9	9.1	9.3	2.0
王家坝—洪泽湖区间北区	1965	1.3	7.5	8.2	9.3	2.7
淮河干流以南区	1968	1.4	9.8	9.9	10.2	2.8
	1969	1.2	7.6	9.2	8.5	1.3
	1972	1.2	6.7	7.7	8.2	1.5
	2000	1.2	9.8	5.8	6.7	2.1
	2003	1.3	9.9	9.1	9.3	2.1
	2006	0.9	7.5	6.0	7.4	2.0
	2007	1.3	9.8	9.2	9.5	2.1
南四湖区	1960	1.3				
	1974	1.4				
沂沭河区	1997	0.7				
	2006	0.8				
里下河区	1965	1.1	7.5	8.2	9.3	2.7
	1969	1.3	7.6	9.2	8.5	1.5
	1996	1.1	9.3	8.7	8.2	1.2
	2003	1.5	9.9	9.1	9.3	2.1
	2006	1.3	7.5	4.2	6.6	1.8
	2007	1.3	9.8	9.2	9.5	2.1
王家坝以上区平均	—	1.3	9.2	8.3	9.3	2.2
王家坝—洪泽湖区间北区平均		1.3	7.5	8.2	9.3	2.7
淮河干流以南区平均	—	1.2	8.7	8.1	8.5	2.0
南四湖区平均		1.4				
沂沭河区平均	—	0.8				
里下河区平均		1.3	8.6	8.1	8.6	1.9

4.5.2.2　旱涝急转事件的降水量阈值

对各区旱涝急转事件最大 3d、5d 和 10d 降水量进行统计（图 4.12、表 4.31），可以看出：各区旱涝急转事件降水量最大的是王家坝站以上区，平均最大 3d、5d 和 10d 雨量分别为 156mm、191mm 和 269mm，其次为淮河干流以南区和里下河区，而位于淮河流域最北部的南四湖区降水量最小，最大 3d、5d 和 10d 雨量分别为 93mm、129mm 和 187mm。

表 4.31　　　各区旱涝急转事件最大 3d、5d 和 10d 降水量及
对应水文控制站水位涨幅

区　　域		年份	R_{m3} /mm	R_{m5} /mm	R_{m10} /mm	W_{m3} /m	W_{m5} /m	W_{m10} /m
王家坝站以上区		1965	111	135	220	2.5	2.7	4.7
		1982	197	258	372	2.1	5.0	8.2
		2000	164	182	228	9.2	8.1	8.6
		2003	150	187	254	3.3	4.0	7.4
王家坝站— 洪泽湖区间北区	正阳关	1965	106	163	234	2.0	3.4	4.7
	吴家渡					2.5	3.8	5.0
淮河干流以南区	正阳关	1968	183	193	224	2.9	4.0	4.2
		1969	145	179	267	2.5	3.9	6.8
		1972	154	165	232	2.5	3.3	5.5
		2000	157	166	192	2.6	3.1	3.3
		2003	176	197	329	0.8	2.3	6.8
		2006	123	133	197	1.5	2.1	3.6
		2007	195	217	344	3.0	4.7	8.0
	吴家渡	1968	183	193	224	4.8	5.5	5.7
		1969	145	179	267	1.7	2.9	5.2
		1972	154	165	232	3.9	4.2	5.7
		2000	157	166	192	3.0	3.7	4.2
		2003	176	197	329	0.6	2.2	7.4
		2006	123	133	197	5.3	6.4	6.5
		2007	195	217	344	2.8	4.3	8.0
南四湖区		1960	110	133	184	—	—	—
		1974	76	125	189	—	—	—
沂沭河区		1997	180	183	186	—	—	—
		2006	104	160	173	—	—	—

续表

区　　域		年份	R_{m3} /mm	R_{m5} /mm	R_{m10} /mm	W_{m3} /m	W_{m5} /m	W_{m10} /m
里下河区		1965	204	218	228	0.3	0.3	−0.2
		1969	115	197	252	0.4	0.6	0.8
		1996	109	113	184	0.1	0.1	0.1
		2003	141	180	320	0.9	1.3	1.8
		2006	174	248	277	1.2	1.6	1.9
		2007	145	217	324	0.8	1.1	2.1
王家坝站以上区平均		—	156	191	269	5.5	6.0	7.4
王家坝站—洪泽湖区间北区平均	正阳关	—	106	163	234	2.0	3.4	4.7
	吴家渡					2.9	3.8	5.0
淮河干流以南区平均	正阳关	—	162	179	255	3.3	4.4	6.2
	吴家渡					3.9	4.9	6.3
南四湖区平均		—	93	129	187	—	—	—
沂沭河区平均		—	142	172	180	—	—	—
里下河区平均		—	148	196	264	0.8	1.1	1.5

注 1. R_{m3}、R_{m5}、R_{m10} 分别表示最大 3d、5d、10d 降水量。

2. W_{m3}、W_{m5}、W_{m10} 分别表示最大 3d、5d、10d 水位涨幅（王家坝以上区对应王家坝站，王家坝站—洪泽湖区间北区、淮河干流以南区分别选取正阳关和吴家渡两个代表站，里下河区对应蒋坝站）。

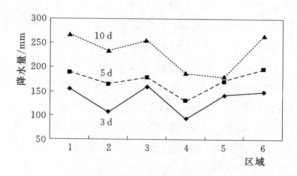

图 4.12　各区旱涝急转事件最大 3d、5d 和 10d 降水量

（其中纵坐标为降水量，横坐标为 6 个分区）

1 区—王家坝以上；2 区—王家坝站—洪泽湖区间北区；3 区—淮河干流以南；

4 区—南四湖；5 区—沂沭河；6 区—里下河

在此基础上可以计算得到导致旱涝急转事件的降水阈值，由于降水集中程度不同，分别统计 3d、5d、10d 3 个不同时间长度的降水阈值。对于南四湖区，

3d、5d、10d 的降水量阈值分别为 80mm、130mm 和 180mm；对于其他区域，3d、5d、10d 的降水量阈值分别为 100mm、150mm 和 200mm。

　　旱涝急转事件发生时，淮河流域 4 个代表水文控制站的水位涨幅见表 4.30，王家坝站以上区对应王家坝站水位；王家坝站—洪泽湖区间北区和淮河干流以南区分别对应正阳关站和蚌埠站水位；里下河区对应蒋坝站水位；南四湖区、沂沭河区由于位置偏北，无对应水文站点。从强降水对应的水情来看，水位涨幅最大的为王家坝站以上区对应的王家坝站，平均最大 3d、5d 和 10d 水位涨幅分别为 5.5m、6.0m 和 7.4m，其次为淮河干流以南区，里下河区虽然强降水的雨强仅次于王家坝以上区，但由于河网纵横、排水便利，水位变化最为平缓，平均最大 3d、5d 和 10d 涨幅仅为 0.8m、1.1m 和 1.5m。

　　此外，由于在一些年份存在分洪以及水利工程的变化，雨量和水位涨幅不能完全对应，但从历史最严重的极值来看，王家坝站以上区旱涝急转事件最严重的可造成王家坝站水位 3d、5d 和 10d 最大涨幅达 9.2m、8.1m 和 8.6m；淮河干流以南区旱涝急转事件最严重的可造成正阳关站水位 3d、5d 和 10d 最大涨幅分别达 3.0m、4.7m 和 8.0m，吴家渡站水位 3d、5d 和 10d 最大涨幅分别达 5.3m、6.4m 和 8.0m；里下河区旱涝急转事件最严重的可造成蒋坝站水位 3d、5d 和 10d 涨幅分别达 1.2m、1.6m 和 2.1m。

4.5.2.3　旱涝急转事件中主要水文控制站水位变化

　　淮河流域历次旱涝急转事件中，上、中、下游水位均有明显的变化。其中王家坝站水位在历次事件中涨幅最大，旱、涝时期水位差为 7.45～9.78m，平均为 9.16m；正阳关站和蚌埠（吴家渡）站水位变化也较大，正阳关站水位差为 5.77～9.85m，平均为 8.12m，蚌埠（吴家渡）站水位差为 6.71～10.23m，平均为 8.64m。蒋坝站水位变化相对平稳。

　　从王家坝站、正阳关、蚌埠（吴家渡）站 3 个水文站水位在涝期 3d、5d 和 10d 水位的平均最大涨幅来看，王家坝站水位涨幅最明显，其平均 3d、10d 水位最大涨幅（4.3m、7.2m）均高于其他两站，平均 5d 水位最大涨幅（5.0m）仅略低于正阳关站（5.4m）；正阳关站和蚌埠（吴家渡）站较为接近，平均 5d 最大涨幅明显，正阳关站平均 10d 最大涨幅低于蚌埠（吴家渡）站。

　　从涝期最大 3d、5d 和 10d 水位最大涨幅滞后于最大 3d、5d 和 10d 最大降水量的平均天数来看，王家坝站在洪水汇集速度上明显快于其他两站，而正阳关站和蚌埠（吴家渡）站无明显差异。

　　王家坝站的水位涨幅和对强降水的响应时间都较其他水文站面临的压力更大，这是气象条件和下垫面因素共同作用的结果。

4.5.2.4　旱涝急转事件中首场暴雨气候特征

　　为便于分析首场暴雨的气候特征，定义当区域中首次出现大于等于 3 站暴雨的日期为暴雨过程起始日，直至该区小于 3 站出现暴雨的日期为暴雨过程的结束日。按照此标准挑选出淮河流域各区旱涝急转事件的首场暴雨日，见表 4.32。可以看出，6 月下旬发生过 9 次，7 月上旬发生过 6 次，占总数的近七成，5 月及其之前未发生过引起旱涝急转的暴雨。

表 4.32　　　　淮河流域各区旱涝急转事件中首场暴雨日统计表

区　　域	年份	涝期暴雨过程次数	首场暴雨开始日期	首场暴雨结束日期	S1	S2	S3
王家坝站以上区	1965	6	6 月 30 日	7 月 2 日	7	3	4
	1982	5	7 月 14 日	7 月 15 日	7	9	
	2000	5	6 月 2 日	6 月 3 日	12	15	
	2003	6	6 月 22 日	6 月 22 日	9		
王家坝站—洪泽湖区间北区	1965	8	7 月 1 日	7 月 3 日	15	4	11
淮河干流以南区	1968	3	6 月 29 日	7 月 1 日	10	6	8
	1969	5	7 月 3 日	7 月 4 日	7	4	
	1972	3	6 月 21 日	6 月 22 日	12	12	
	2000	2	6 月 2 日	6 月 3 日	11	11	
	2003	5	6 月 11 日	6 月 11 日	6		
	2006	5	6 月 29 日	7 月 1 日	5	3	9
	2007	5	7 月 1 日	7 月 1 日	8		
南四湖区	1960	6	6 月 27 日	6 月 27 日	9		
	1974	7	7 月 17 日	7 月 17 日	4		
沂沭河区	1997	1	8 月 19 日	8 月 20 日	16	13	
	2006	2	6 月 29 日	6 月 29 日	7		
里下河区	1965	7	7 月 1 日	7 月 1 日	12		
	1969	5	7 月 4 日	7 月 4 日	6		
	1996	6	6 月 17 日	6 月 17 日	7		
	2003	6	6 月 30 日	6 月 30 日	13		
	2006	2	6 月 30 日	7 月 1 日	8	14	
	2007	5	7 月 1 日	7 月 1 日	8		

注　S1～S3 代表首场暴雨期间每日暴雨站数。

　　图 4.13 为历次旱涝急转事件中首场暴雨过程降雨量的累积图，可以看出，首场暴雨日雨量大值区位于南部上游以及沿淮地区，历次平均暴雨过程的雨量都在 60mm 以上，特别是桐柏山—淮河干流—洪泽湖一线，平均雨量在 80mm 以上，而流域北部雨量较小，河南中北部和山东平均雨量在 40mm 以下，因此流

域南部是旱涝急转事件发生频率最高的区域，这与旱涝急转事件的空间分布特征
基本一致。

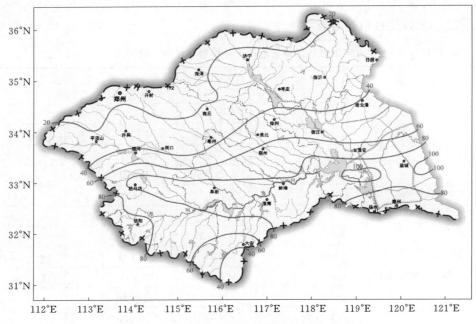

图 4.13　淮河流域历次旱涝急转事件中首场暴雨过程
降雨量的累积图（单位：mm）

历次旱涝急转事件首场暴雨期间欧亚大陆从高纬到低纬主要影响系统统计如
下，在欧亚大陆高纬，为考察阻塞高压的分布，将 500hPa 高度场上自西向东分
为 3 个区：高纬西区（50°～80°E），高纬中区（90°～130°E），高纬东区（130°～
160°E）（表 4.33）；在副热带地区，考查副热带高压 120°E 脊线是否出现在
23°～27°N，并考查 850hPa 风场上 35°N 附近是否出现风切变及 30°N 附近是否
有风速大于 10m/s 的低空急流。

表 4.33　　　　　　　　各旱涝急转事件首场暴雨环流统计特征

区　域	年份	高纬西区	高纬中区	高纬东区	切变类型	低空急流	副高脊线
王家坝站以上区	1965	脊	低涡	阻高	风速切变	有	26°N
	1982	脊	低涡	阻高	风向辐合	无	24°N
	2000	脊	脊	低槽	暖切	有	24°N
	2003	无阻高	低槽	阻高	风向辐合	有	24°N
王家坝站— 洪泽湖区间北区	1965	阻高	低槽	阻高	风速切变	有	25°N

区　域	年份	高纬西区	高纬中区	高纬东区	切变类型	低空急流	副高脊线
淮河干流以南区	1968	脊	低槽	阻高	暖切	有	26°N
	1969	阻高	阻高	低涡	暖切	是	23°N
	1972	阻高	阻高	低槽	江淮气旋	有	23°N
	2000	阻高	阻高	低槽	暖切	有	24°N
	2003	无阻高	低槽	阻高	暖切	有	19°N
	2006	无阻高	阻高	低槽	风速切变	有	25°N
	2007	阻高	阻高	低槽	风向辐合	有	23°N
南四湖区	1960	阻高	低槽	阻高	风速切变	有	29°N
	1974	无阻高	低槽	阻高	风速切变	有	27°N
沂沭河区	1997	无阻高	弱脊	阻高	台风倒槽	无	34°N
	2006	无阻高	阻高	低槽	暖切	有	24°N
里下河区	1965	阻高	低槽	阻高	风速切变	有	26°N
	1969	无阻高	阻高	低槽	风向辐合	无	23°N
	1996	阻高	阻高	低涡	风向辐合	有	20°N
	2003	阻高	低槽	阻高	暖切	有	26°N
	2006	无阻高	阻高	低槽	风速切变	有	26°N
	2007	阻高	阻高	低槽	风向辐合	有	23°N

根据以上天气系统将旱涝急转首场暴雨的环流形势分为三类：第一类在高纬中区为宽广的低槽，西风带 40°N 上常常有短波槽活动，高纬东区鄂霍次克海至东西伯利亚有阻高活动；第二类在高纬中区有高压脊或阻高分布，其位置比第一类偏南，活跃于贝加尔湖以南或东南的地区，脊线经过蒙古国、我国东北地区，有时甚至到了我国华北地区，此外日本以北有低槽或低涡活动；第三类为台风型，主要影响系统为东区阻高和台风倒槽，如 1997 年发生的台风倒槽。

4.5.2.5　旱涝急转事件夏季雨带移动特征

从历次旱涝急转事件的全国降水分布来看，在少雨期，全国东部以少雨为主，华北、黄淮、江淮、江南北部降水比常年偏少两成以上，少雨中心位于黄河至长江之间，尤其是淮河流域、江淮降水偏少五成左右；多雨区位于华南至江南南部，部分地区偏多两成。而到了旱涝急转事件的多雨期，全国东部主要多雨中心位于黄河至长江之间，尤其是淮河流域降水偏多最为明显，一般比常年偏多五成以上，而华南、江南南部转入少雨期。

在旱涝急转年的 4—6 月中旬，淮河流域降水偏少，雨带位于 20°～25°N，华南、江南降水偏多，这段时间正是华南前汛期，6 月下旬，雨带北跳，华南、江南降水减少,淮河流域降水增多,发生旱涝急转。这说明,在旱涝急转事件前期,华南前汛期降水较常年明显偏多,可以作为旱涝急转的前期异常信号。

4.5.3 成因分析

4.5.3.1 旱涝急转年夏季逐日降水的低频振荡特征

在发生旱涝急转的年份,淮河流域夏季逐日降水存在 10~30d 和 30~60d 两个主要周期低频振荡,并且以 30~60d 为主或 30~60d 和 10~30d 周期振荡同时加强的特点,而以 10~30d 周期振荡为主的年份较少。淮河干流以南和里下河 30~60d 方差贡献与夏季降水量呈显著的正相关,相关系数分别达到 0.51 和 0.48(通过 95% 信度检验),其次是王家坝站以上,而王家坝站—蚌埠(吴家渡)站区间北岸、南四湖、沂沭泗无显著关系。这说明淮河流域南部夏季降水偏多年份,30~60d 低频贡献占主导作用(图 4.14)。

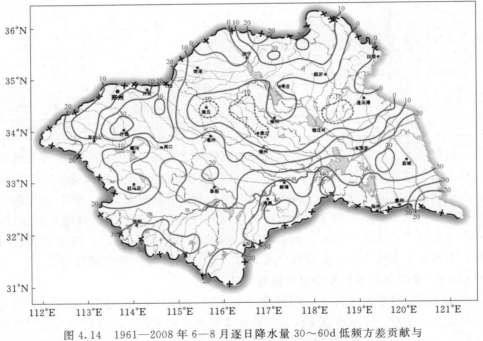

图 4.14 1961—2008 年 6—8 月逐日降水量 30~60d 低频方差贡献与夏季降水量的相关系数

发生旱涝急转的典型年份,如 2003 年、2007 年等,直接造成旱涝急转的集中强降水的时间尺度一般在 7~10d,与低频降水的波峰位相的出现时间一致。

4.5.3.2 典型旱涝急转年环流成因分析

在发生旱涝急转的年份,淮河流域夏季逐日降水的低频分量明显增加,特别是对于南部的3区、6区增加幅度更加显著，说明低频降水对于淮河流域旱涝急转的发生起到重要作用。从降水实况来看，发生旱涝急转的典型年份，如2003年、2007年等，直接造成旱涝急转的集中强降水的时间尺度一般在7～10d，但是涝期的持续时间却远不止10d，往往是在已经发生旱涝急转的情况下，后期仍然持续多雨，造成洪涝灾情进一步加重。因此，旱涝急转是降水低频变化在短时间内转折的体现。

欧亚大陆中高纬度高度场、经向风场的低频位相在少雨、多雨期的相反纬向分布是造成旱涝急转的环流成因。通过对典型年份分析，给出了低频分布型的形成过程。少雨期，北半球中高纬度扰动场为4～16波列，从东北大西洋经欧洲和贝加尔湖到东亚沿岸为"＋－＋－"的扰动中心，与低频位相分布一致。多雨期，副极地波导从欧洲北部沿急流流向亚洲高纬地区，并在鄂霍次克海形成强盛的正扰动中心，有利于东阻形势的形成维持。中纬度中亚为负扰动中心，印度季风偏弱，由于下游效应在日本海形成负扰动，导致副高位置偏南。低纬度孟加拉湾到南海对流层高层为负扰动，南海对流活动偏弱。少雨、多雨期欧亚大陆中高纬向低频环流型实际上反映了副极地、副热带急流 Rossby 波导结构及其传播的异常。

1. 旱涝急转少雨、多雨期，对流层中高层距平波列呈相反分布

少雨期北半球中高纬度分布着5个负距平中心即乌拉尔山、东亚沿海、中太平洋、北美大陆和北大西洋；而欧洲西部、贝加尔湖、北美大陆东岸为正高度距平。欧亚大陆到太平洋日界线附近呈明显的"＋－＋－"距平波列，乌拉尔山、东亚沿岸、中太平洋负距平中心均超过－60gpm。由于乌拉尔山低槽的强烈发展，贝加尔湖高压脊不断加强，导致包括淮河流域在内的中国东部处于西北气流控制，降水稀少。多雨期，距平波列变化最明显的是乌拉尔山高度距平由负转正，距平中心达60gpm，有利于阻高的形成和维持。中纬度从欧洲经里海、我国华北地区到日本海为负距平，与西风带短波槽的移动路径一致（图4.15）。此外，我国东南沿海转为正距平，有利于副高的增强西进。同时华南沿海为强的正距平，对流减弱，华南前汛期结束。

850hPa 风场也有明显差异。少雨期，孟加拉湾、南海中部为反气旋式异常。亚洲低纬度从阿拉伯海经印度半岛、中南半岛延伸至菲律宾为偏东风距平，水汽输送整体偏弱，同时 OLR 距平场为正距平，热带对流受到抑制。中纬度，华东沿海为气旋性异常，其后侧的东北气流向南延伸到华南沿海与南海异常反气旋的偏南气流交汇，对应 OLR 场上为负距平，对流活跃。此时期正是华南前汛期。多雨期，亚洲低纬地区由少雨期的偏东风异常转为偏西风距平，OLR 场也转为负距平，热带对流增强。中纬度，东南沿海到台湾岛以东洋面转为异常反气旋环流，其南侧的偏东气流在南海北部转为偏南气流向北输送，北界可达35°N，

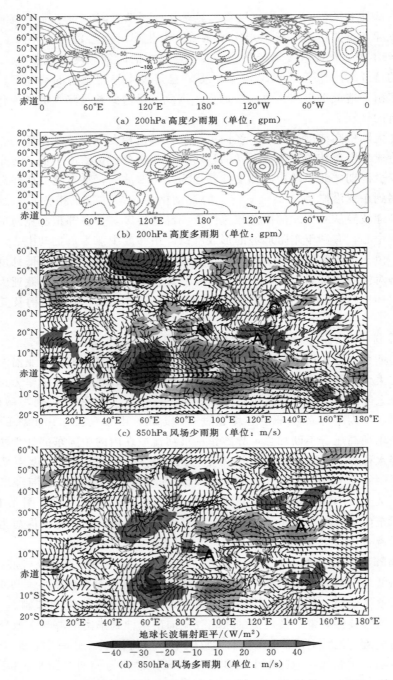

(a) 200hPa 高度少雨期（单位：gpm）

(b) 200hPa 高度多雨期（单位：gpm）

(c) 850hPa 风场少雨期（单位：m/s）

地球长波辐射距平/(W/m²)

(d) 850hPa 风场多雨期（单位：m/s）

图 4.15　典型旱涝急转夏季少雨、多雨期 200hPa 高度场、850hPa 风场距平合成
阴影区—OLR 距平，W/m²，间隔为 10W/m²；A—反气旋；C—气旋

有利于淮河流域持续强降水。同时，OLR 距平场上华南沿海为强的正距平，对流减弱，华南前汛期结束。

2. 中高纬大气低频位相的不同配置对于旱涝急转起着重要的调制作用

少雨期，北半球中高纬 200hPa 高度场低频位相呈 4～5 波分布，欧洲西部、贝加尔湖到日本海、东太平洋和西大西洋为正位相，而乌拉尔山、中太平洋、北美大陆以及东大西洋为负位相。对比图 4.16 可以发现，正（负）低频位相分别与正（负）高度距平中心对应，说明低频滤波后的高度场基本反映了同期环流异常。多雨期，东半球低频位相分布与少雨期相反，乌拉尔山、鄂霍次克海以及中太平洋为正位相，而贝加尔湖为负位相。这样的形势有利于引导冷空气从贝加尔湖沿偏西和中部路径向南延伸。同时，华东沿海也由少雨期的负位相转为正位相，水汽输送明显增强，有利于淮河流域强降水的维持。

同样地，少雨、多雨期中高纬度 200hPa 经向风的低频位相也呈相反的纬向分布，但低频位相中心位置比高度场在经度上偏西约 20°～30°。值得注意的是，在 30°～150°E，高纬低频位相中心均在中纬度有一个相反位相的低频中心与其对应，呈偶极子分布。少雨期，欧洲东部（30°～60°E）为低频负位相，其南部的里海地区为正位相，而到了多雨期，不仅高纬低频中心从负位相转为正位相，同时南部的低频位相也由正转负 [图 4.16（c）和（d）]。这种经向相反位相分布有明确的天气学意义：少雨期，乌拉尔山为低槽，南部为暖脊，南北呈"＋－"分布；多雨期，乌拉尔山转为高压脊并经常有阻高活动，其南部为切断低涡，南北呈"－＋"分布，这样的变化将通过急流上的波导向下游传播，造成 60°～90°E 和 120°～150°E 附近的低频活动中心位相也发生类似变化。欧亚大陆高纬、低纬度的这两支波导在中太平洋合并成一支向北美大陆传播，从图 4.16 还可看到，中太平洋低频位相相对于同纬度的亚洲中纬度明显增强。

4.5.3.3 旱涝急转发生的海温背景

拉尼娜（La Nina）次年发生旱涝急转的次数最多，其次是厄尔尼诺次年。很多研究表明厄尔尼诺与南方涛动（El Nino and Southern Oscillation，以下简称 ENSO）事件是造成全球气候异常的最强年际信号。相对于热带地区，ENSO 事件对于中高纬地区的影响为非直接影响，它通过海气相互作用导致副热带高压强度和位置的变化以及阻高的活跃程度从而间接影响东亚季风区。

对淮河流域旱涝急转发生年的海温状态逐年进行考查，可以发现：在 13 个旱涝急转年中，只有 1 年赤道中东太平洋海温处于正常状态，有 4 年为 El Nino 次年，La Nina 次年有 8 年，出现次数最多。从旱涝严重程度来看，在 La Nina 次年发生的旱涝急转事件前期春季降水相对更少，旱情也更加严重，与 La Nina 次年淮河流域春季降水偏少的统计规律一致，而在 El Nino 次年发生的旱涝急转事件的涝期降水更为集中、洪涝最为严重。此外，由于台风影响导致旱涝急转的

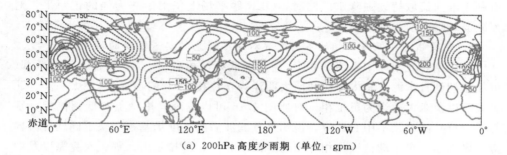

（a）200hPa 高度少雨期（单位：gpm）

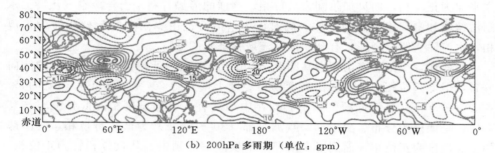

（b）200hPa 多雨期（单位：gpm）

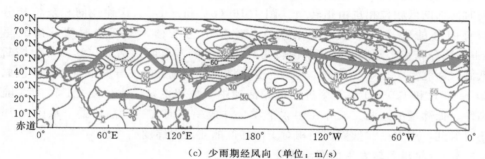

（c）少雨期经风向（单位：m/s）

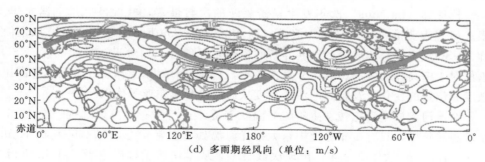

（d）多雨期经风向（单位：m/s）

图 4.16　典型旱涝急转夏季少雨、多雨期 200hPa 高度场、
经向风 30～60d 低频滤波合成

两个年份均出现在 La Nina 次年，具体见表 4.34。

表 4.34　　　　　　　　　旱涝急转年赤道中东太平洋海温状态

海温状态	年　份
正常	1960
La Nina 次年	1965、1972、1997、1996、2000、2006、1968、1974
El Nino 次年	2007、2003、1969、1982

为了进一步考查海温异常对旱涝急转的预报能力，将它们分别与相同海温背景下但未出现旱涝急转的前期 200hPa 高度场进行比较，选取的年份如下：

（1）发生旱涝急转的 La Nina 次年为 1965 年、1968 年、1972 年、1996 年、2000 年和 2006 年；未发生旱涝急转的 La Nina 次年为 1967 年、1976 年、1986 年、1989 年和 2001 年。

（2）发生旱涝急转的 El Nino 次年为 1969 年、1982 年、2003 年、2007 年；未发生旱涝急转的 El Nino 次年为 1966 年、1970 年、1983 年、1987 年、1988 年和 1992 年。

分析拉尼娜次年 4—5 月 200hPa 位势高度距平场的合成可以看出，发生旱涝急转的年份亚洲高纬自西向东为明显的"—＋—"的波列分布，负距平中心分别位于乌拉尔山和东亚沿海，而在非旱涝急转年这样的波列则不甚清楚，乌拉尔山、东亚沿海均为正高度距平，差值图上的这种分布特征表现得更加清楚。从 4—6 月各月的合成来看，与以上结果较为类似，尤其是 4 月，旱涝急转年亚洲高纬自西向东"—＋—"的波列最为明显。

分析 El Nino 次年 4—5 月 200hPa 位势高度场的合成可以看出：在 El Nino 次年发生旱涝急转的前期，欧亚大陆从高纬向南存在"—＋—"的距平配置，极地范围为负异常区，40°～60°N、60°～120°E 范围内为带状正异常区域，中心位于贝加尔湖以南，而 40°N 以南从南亚到东亚沿海均为负距平，副热带高压较弱。而在非旱涝急转年份，这些地区的环流距平具有很大的差异，贝加尔湖为负距平，东亚沿海为正距平，副热带高压较发生旱涝急转年份偏强。

在 La Nina 次年欧亚大陆中高纬度的距平波列更加清楚，乌拉尔山、东亚沿海的负距平值也更大，在这样的分布形势下，东亚槽偏强，副热带高压偏弱。此外，需要注意的是，在 La Nina 次年 200hPa 高度场孟加拉湾附近为负距平，由于热带地区对流层的斜压结构，其 850hPa 风场相应为正距平或反气旋式环流，导致孟加拉湾的水汽输送更加偏弱。因此，在 La Nina 次年发生旱涝急转的前期降水偏少幅度更大。

4.5.4　预测预报

从气候背景的角度来看，旱涝急转虽然是短时间内降水的急剧变化，但它也是大气环流在低频（10～60d）时段内位相调整的结果。因此，从这一角度来看，可以依照前述总结的一些规律，通过推测未来位相下某些关键系统的演变来预测旱涝急转发生的可能性；此外，前面分析结果表明，赤道中东太平洋海温的异常在旱涝急转年有很大的出现频率，因此也需要关注海温背景的影响。

旱涝急转是降水对大尺度环流调整响应的一种形式，前面的分析表明海温背景、大气低频变化、春夏雨带位置与旱涝急转的发生具有很大的关系，因此可以从不同海温背景下春季的环流形势、大气低频关键区位相演变和华南前汛期降水的角度来提出一些预测关键因子，旱涝急转预测概念模型如图 4.17 所示。

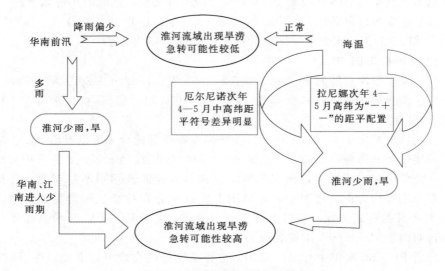

图 4.17　旱涝急转预测概念模型

4.5.4.1　海温背景

很多研究表明 ENSO 事件是造成全球气候异常的最强年际信号，它可以通过海气相互作用影响东亚季风区产生气候异常。在 13 个旱涝急转典型年中，只有一年是海温正常年，而其余都为厄尔尼诺或拉尼娜异常年，因此海温异常背景下旱涝急转发生的频率更高，需要关注当年的海温背景。

从不同海温异常年前期，4—5 月的大气环流来看，旱涝急转年和非旱涝急转年具有明显的差异，因此，在不同的海温背景下，也是存在一些预测关键因子，具体因子描述如下：

（1）在 El Nino 次年，旱涝急转年欧亚大陆从高纬向南存在"—+—"的距平配置，极地范围为负异常区，40°～60°N、60°～120°E 范围内为带状正异常区域，中心位于贝加尔湖以南，而 40°N 以南从南亚到东亚沿海均为负距平，副热带高压较弱。而在非旱涝急转年份，这些地区的环流距平具有很大的差异，贝加尔湖为负距平，东亚沿海为正距平，副热带高压较发生旱涝急转年份偏强。

（2）在 La Nina 次年，旱涝急转年亚洲高纬自西向东为明显的"－＋－"的波列分布，负距平中心分别位于乌拉尔山和东亚沿海，贝加尔湖到我国东北地区为正距平，而在非旱涝急转年则不具备这样的异常波列配置。

4.5.4.2 华南前汛期降水

在旱涝急转年的 4—6 月中旬，淮河流域降水偏少，雨带位于 $20°\sim25°N$，华南、江南降水偏多，而到了 6 月下旬之后，雨带北跳至淮河流域，华南、江南降水减少。旱涝急转成因分析也表明全国雨带都有这样的变化特征。这说明，在旱涝急转事件前期，华南前汛期降水较常年明显偏多，可以作为旱涝急转的前期异常信号。

4.5.4.3 大气低频变化

低频降水对于旱涝急转的发生起重要作用，尤其是对流域南部作用更加显著，在淮河流域发生旱涝急转的年份，夏季低频降水的方差贡献明显，降水具有明显的从低频负位相调整为正位相的特征。环流在低频时间尺度内的调整对旱涝急转贡献明显，尤其是乌拉尔山地区和副热带—中纬度东亚沿海环流的低频振荡，是导致淮河流域发生旱涝急转的两个关键区。具体表现在：

（1）在低频滤波后的 200hPa 高度场距平上，旱期欧亚大陆中高纬地区为"＋－＋"纬向波列，其中乌拉尔山附近为负距平中心，中亚经我国西部伸向贝加尔湖地区为正距平区，在中纬度东亚沿海为负距平中心；涝期欧亚大陆中高纬地区纬向波列与旱期相反，为"－＋－"分布。

（2）850hPa 风场在旱涝急转期间最明显的变化区域在东南沿海到台湾岛以东洋面。在旱期，华东沿海为一气旋性环流，从淮河流域到华南被其后侧的东北气流控制，并且来自热带地区的水汽输送位置整体偏南、偏东。而到了涝期，随着东南沿海反气旋环流的西伸北进，水汽输送条件得到改善；同时，前期从阿拉伯海南部经印度半岛和中南半岛南部延伸至菲律宾北部的强盛偏西气流收缩至 100°E 以西，南海为偏东风距平，南海季风转为偏弱阶段。

4.5.5 验证及成果应用

4.5.5.1 历史资料验证

通过查阅已有关于旱涝急转研究的文献发现，多数用季节降水距平百分率来衡量干旱、洪涝程度，为更加准确细致地挑选旱涝急转的年份，本书采用逐日降水资料计算标准化降水指数（SPI）监测气象旱涝。定义 SPI 连续 20d 为轻旱（$SPI\leqslant-0.5$）以上等级，则确定为发生一次干旱过程。干旱过程的开始日为第 1dSPI 达轻旱以上等级的日期。当 SPI 连续 10d 为无旱等级时干旱过程结束，结束日期为最后 1 次 SPI 达到有旱等级的日期。开始到结束期间的时间为干旱持续时间（表 4.35）。

表 4.35　　　　　　各分区旱涝急转事件的干旱过程和持续时间

区　域	年份	SPI		Ci	
		持续时间/d	干旱过程	持续时间/d	干旱过程
王家坝以上	1965	35	5月27日至6月30日	41	5月21日至6月30日
	1982	49	5月1—29日 6月24日至7月13日	82	4月23日至7月13日
	2000	80	3月6日至5月25日	88	3月6日至6月1日
	2003	20	6月2—21日	26	5月27日至6月21日
王洪区间北区	1965	37	5月27日至7月2日	51	5月18日至7月7日
干流以南	1968	27	6月3—29日	47	5月13日至6月28日
	1969	23	6月11日至7月3日	20	6月13日至7月2日
	1972	33	5月19日至6月20日	32	5月20日至6月20日
	2000	93	3月1日至6月1日	80	3月14日至6月1日
	2003	23	6月3—25日	24	5月29日至6月21日
	2006	20	6月11—30日	20	6月9—28日
	2007	21	6月10—30日	44	5月6—23日 6月4—29日
南四湖	1960	20	6月7—26日	70	4月21日至6月29日
	1974	26	6月27日至7月22日	33	6月20日至7月22日
沂沭河	1997	80	6月10日至8月18日	76	6月4日至8月18日
	2006	25	6月4—28日	53	5月7日至6月28日
里下河	1965	33	5月28日至6月30日	41	5月21日至6月30日
	1969	26	6月11日至7月6日	22	6月12日至7月3日
	1996	20	5月28日至6月16日	27	5月21日至6月16日
	2003	32	5月25日至6月26日	31	5月26日至6月25日
	2006	38	3月16日至4月3日 6月8—26日	33	3月22日至4月3日 6月3—22日
	2007	47	4月14日至5月11日 6月12—30日	66	4月9日至5月21日 6月6—28日

根据以上标准，淮河流域有 13 年发生旱涝急转，6 个分区共出现 22 次旱涝急转事件，每次事件的干旱过程持续时间见表 4.35。持续时间大于 25d 的 15 次，占 68.2%，大于 30d 的有 11 次，占 50%，持续时间最长的为 2000 年和 1997 年。

以上 SPI 用到的资料为前 30d 的逐日降水量，可能会由于降水的短期波动造成干旱过程的中断。为了消除这种影响，计算逐日 Ci 指数进行对比，Ci 指数利用近 30d（月尺度）和近 90d（季尺度）降水量标准化降水指数，以及近 30d 相对湿润指数进行综合而得，该指标既反映短时间尺度（月）和长时间尺度（季）降水量气候异常情况，又反映短时间尺度水分亏欠情况，所用资料时间尺度长于上述 SPI 指数，对于降水短期波动有平滑作用。干旱过程持续时间超过 25d 的有 18 次，占 81.8%，超过 30d 的有 16 次，占 72.7%，持续时间最长的同样是 2000 年和 1997 年。

　　用 Ci 监测的干旱持续时间较用 SPI 指数略长，但仍有持续时间少于 30d 的年份，有以下 4 年：2003 年（王家坝以上区、干流以南区）、1969 年（干流以南区、里下河区）、2006 年（干流以南区）、1996 年（里下河区），这些年份由于干旱过程持续时间相对较短，实际是否有旱情还需进一步考证。通过查阅《气象灾害大典》等文献，其中 1969 年、2006 年均有旱情记载，1996 年未见有灾情记录，也就是说，虽然用 SPI、Ci 监测到的干旱过程持续时间只有约 20d，但实际上多数均有干旱出现。

4.5.5.2　2011 年合理性验证及应用

　　2011 年春季里下河地区降水持续偏少，SPI 监测的气象干旱（$SPI \leqslant -0.5$）主要有 3 段：3 月 12—20 日、3 月 29 日至 5 月 21 日、6 月 9—23 日，共 77 天。6 月下旬开始降水频繁，受其影响 SPI 指数迅速由旱转涝，$SPI \geqslant 0.5$ 的时段从 7 月 5 日一直持续到 9 月 15 日，如图 4.18 所示。综合来看，这是一次较为典型的旱涝急转事件。2011 年的实际资料计算分析表明，无论是 SPI 还是 Ci，作为旱涝急转标准与实际情况较为符合。

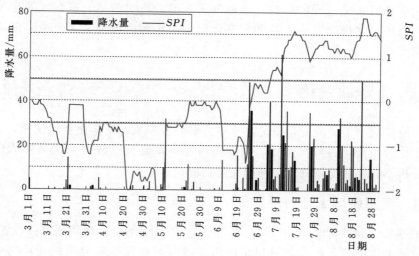

图 4.18　2011 年降水量和 SPI

第 5 章

下垫面变化与产汇流演变

5.1 概述

　　随着社会经济的快速发展，淮河流域土地利用方式及下垫面条件发生显著变化。研究表明，近 60 年来淮河流域中游景观格局的主要变化是旱地大量减少，居民地大量增加。上述下垫面的变化严重影响着淮河流域的蒸散发特性及产汇流过程，淮河流域的降雨径流特性也发生了显著改变。因此，研究淮河流域下垫面变化对洪水过程的影响程度，是淮河流域防洪减灾工作的迫切需求。本书采用经验水文模型分析了代表水文站的产汇流演变规律，为进一步明晰土地利用变化对水文过程的影响，选取淮河上游的潢川流域、班台区间作为研究对象，利用水文模型开展土地利用变化对洪水影响的研究，为流域防洪减灾提供科学支撑。

5.2 下垫面变化

　　研究流域产汇流的变化情况，首先需要分析流域的下垫面变化情况，本次分析从土地利用变化的角度开展，选择潢川流域和班台流域两个区域作为研究对象，分析不同年代流域的土地利用变化情况。

5.2.1 潢川流域土地利用变化

　　根据收集到的 1980 年、1995 年和 2010 年三期的土地利用图进行叠置分析，计算土地利用的变化信息，分析了潢川流域两个年代下垫面土地利用的变化情况。图 5.1 为潢川站以上流域 1980 年、1995 年和 2010 年土地利用情况。表 5.1

为潢川站以上流域 1980 年、1995 年和 2010 年土地利用重分类类型及面积百分比。

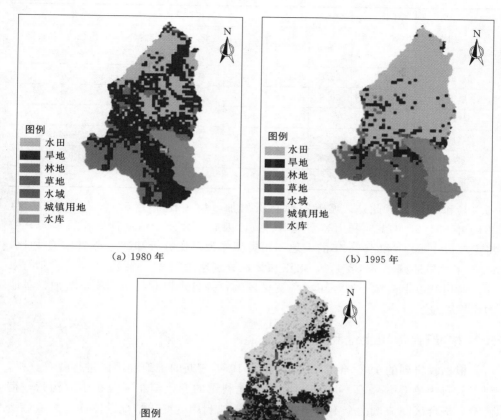

(a) 1980 年　　　　　　(b) 1995 年

(c) 2010 年

图 5.1　潢川站以上流域 1980 年、1995 年和 2010 年土地利用情况

通过图表对比分析发现，潢川站以上流域中的土地利用类型主要分为 6 种：水田、旱地、林地、草地、水域和城镇用地。其中 1980 年土地利用以旱地为主，其次为水田和林地，所占比重分别为 50.8%、26.6% 和 21.0%；1995 年土地利用以水田为主，其次为林地和旱地，所占比重分别为 57.6%、31.4% 和 9.92%；2010 年土地利用仍以水田为主，其次为林地和旱地，所占比重分别为 52.3%、

表 5.1　潢川站以上流域 1980 年、1995 年和 2010 年土地利用重分类类型及面积百分比

土地利用类型	SWAT 代码	面积百分比/%				
		1980 年	1995 年	2010 年	变化（1995 年数据—1980 年数据）	变化（2010 年数据—1980 年数据）
水田	RICE	26.6	57.6	52.3	31.0	25.7
旱地	AGRC	50.8	9.92	9.60	−40.9	−41.2
林地	FRST	21.0	31.4	30.1	10.4	9.1
草地	RNGB	0.31	0.34	0.28	0.03	−0.03
水域	WATR	1.01	0.46	2.00	−0.55	0.99
城镇用地	URHD	0.34	0.28	5.72	−0.06	5.38

30.1%和 9.60%，此外，城镇用地有所增加，所占比重为 5.72%。比较发现，2010 年与 1995 年土地利用类型基本一致，因此，为便于后期计算，后续研究中将主要以 1980 年和 1995 年的土地利用类型作为对比分析基础。与 1980 年相比，1995 年的旱地减小了 40.9%，水田和林地分别增加了 31.0%和 10.4%。总的来说，潢川站以上流域土地利用类型变化较大，并且水田和林地的比重增加，旱地的比重减少。

5.2.2　班台流域土地利用变化

根据收集到的 1980 年、1995 年和 2010 年三期的土地利用图进行叠置分析，利用分布式模型 SWAT - Huaihe 计算土地利用的变化信息，分析了五沟营—宿鸭湖—班台区间流域两个不同年代下垫面土地利用的变化情况。图 5.2 为班台站以上流域 1980 年、1995 年和 2010 年土地利用情况。表 5.2 为班台站以上流域 1980 年、1995 年和 2010 年土地利用重分类类型及面积百分比。

表 5.2　班台站以上流域 1980 年、1995 年和 2010 年土地利用重分类类型及面积百分比

土地利用类型	SWAT 代码	面积百分比/%				
		1980 年	1995 年	2010 年	变化（1995 年数据—1980 年数据）	变化（2010 年数据—1980 年数据）
水田	RICE	1.17	1.03	0.29	−0.14	−0.88
旱地	AGRC	97.9	97.6	81.8	−0.3	−16.1
林地	FRST	0.02	0.16	0.73	0.14	0.71
水域	WATR	0.01	0.07	1.26	0.06	1.25
城镇用地	URHD	0.95	1.12	15.9	0.17	14.9

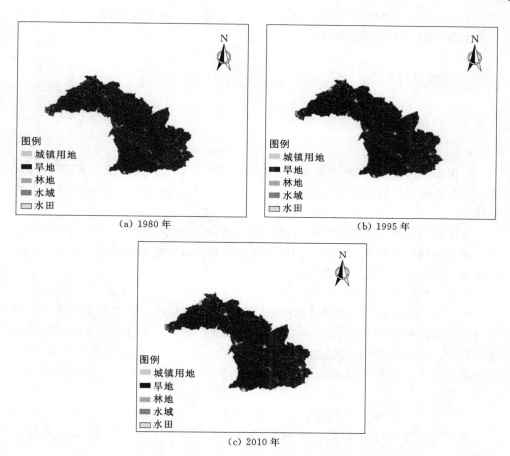

图 5.2　班台站以上流域 1980 年、1995 年和 2010 年土地利用情况

通过图表对比分析发现，班台站以上流域中的土地利用类型主要分为 5 种：水田、旱地、林地、水域和城镇用地。其中 1980 年土地利用以旱地为主，其次为水田和城镇用地，所占比重分别为 97.9%、1.17% 和 0.95%；1995 年土地利用以旱地为主，其次为城镇用地和水田，所占比重分别为 97.6%、1.12% 和 1.03%；2010 年土地利用仍以旱地为主，其次为城镇用地和水域，所占比重分别为 81.8%、15.9% 和 1.26%。比较发现，1980—2010 年班台站以上流域土地利用类型中水田、旱地呈现减少的趋势，城镇用地、林地、水域呈现增加的趋势，其中城镇用地比例增加较多。与 1980 年相比，1995 年的旱地、林地减小了 0.3%、0.14%，城镇用地和林地分别增加了 0.17% 和 0.14%，1995 年班台以上流域土地利用类型较 1980 年总体变化不大；2010 年较 1980 年，班台以上流域土地利用类型中旱地和城镇用地变化较大，其中城镇用地增加 14.9%，旱地

减少了 16.1%。总的来说,班台站以上流域土地利用类型变化较大,并且城镇用地比重增加,旱地的比重减少。

5.3　典型区产汇流演变

5.3.1　产流变化特点

5.3.1.1　分析方法

利用 1960—2012 年水文资料对潢川站、班台站以上降雨径流关系进行分析,将本次分析成果与以往分析成果(1960—1998 年)进行比较,分析降雨径流的变化。

基于降雨径流关系线的分析可能无法直接量化产流的变化,因此对于潢川流域、班台流域的产流变化分别采用径流深变化和径流系数变化两种比较方法,比较流域不同年代的产流变化情况。

1. $P-P_a-R$ 经验模型

$P-P_a-R$ 相关是以流域降雨产流的物理机理为基础,以主要影响因素作参变量,建立降雨量 P 与产流量 R 之间定量的相关关系。常用的参变数有前期雨量指数 P_a(反映前期土壤湿度)、季节(或用月份、周次,反映洪水发生时间)和降雨历时 T(或降雨强度)等,也有采用反映雨型、暴雨中心位置等特征的因素。即

$$R=f(P,P_a,T,季节)和 R=f(P,P_a,T) \tag{5.1}$$

生产实际中较早用的是三变数相关图,图 5.3 为 $P-P_a-R$ 关系曲线示意图。

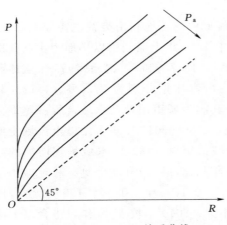

图 5.3　$P-P_a-R$ 关系曲线

$$R=f(P,P_a) \tag{5.2}$$

三变数相关图的特征是:①P_a 曲线簇在 45°直线的左上侧,P_a 值越大,越靠近 45°线,即降雨损失量越小;②每一个 P_a 等值线都存在一个转折点,转折点以上的关系线呈 45°直线,转折点以下为曲线;③P_a 直线段之间的水平间距相等。

由上述可知,P_a 对降雨径流关系的影响最大。

参数 P_a 一般用经验公式计算:

$$P_{a,t}=kP_{t-1}+k^2P_{t-2}+\cdots+k^nP_{t-n} \tag{5.3}$$

式中：$P_{a,t}$ 为 t 日上午 8 时的前期降雨指数；n 为影响本次径流的前期降雨天数，常取 15d 左右；k 为常系数，一般可取 0.85 左右。

为便于计算，式中常表达为递推形式如下：

$$P_{a,t+1}=kP_t+k^2 P_{t-1}+\cdots+k^n P_{t-n+1}=kP_t+k(kP_{t-1}+k^2 P_{t-2}+\cdots)$$
$$=kP_t+kP_{a,t}=k(P_t+P_{a,t}) \tag{5.4}$$

对无雨日

$$P_{a,t+1}=kP_{a,t} \tag{5.5}$$

I_m 表示土壤最大初损量，以 mm 计，通常为 60～100mm。当 P_a 达到 I_m 时，则以 I_m 的值作为 P_a 值进行计算，即认为此后的降雨不再补充初损量，全部形成径流。

三变数相关图的制作简单，即按变数值（P_i，R_i）的相关点绘于坐标图上，并标明各点的 P_a 值，然后根据参变量的分布规律以及降雨产流的基本原理，绘制 P_a 的等值线簇即可。

2. $P+P_a-R$ 经验模型

$P+P_a-R$ 相关以 $P+P_a$ 之和作为降雨径流相关图的纵坐标，R 作为降雨径流相关图的横坐标建立相关关系。使用时，首先计算洪水起涨时的土壤含水量 P_a 值，再把时段雨量序列转变为累积雨量序列，采用累积雨量查出对应的累积净雨，最后将累积净雨转化成时段净雨量序列。

（1）流域平均雨量 P 计算。采用各站雨量的算术平均法或者加权平均法。

（2）流域前期影响雨量 P_a 计算。下限为 0，上限以 I_m（流域最大损失量，mm）控制。计算公式（逐日公式）为

$$P_{a,t}=K(P_{a,t-1}+P_{t-1}) \tag{5.6}$$

式中：$P_{a,t}$ 为当日前期影响雨量，mm；$P_{a,t-1}$ 为前一日前期影响雨量，mm；P_{t-1} 为前一日流域平均雨量，mm；K 为前期影响雨量折减系数。

（3）径流深 R 的计算。选出本次降雨所形成的流量过程，用式（5.7）计算 R。

$$R=3.6\sum Q\times\Delta t/A \tag{5.7}$$

式中：R 为径流深，mm；Q 为流量，$\mathrm{m^3/s}$；Δt 为计算时段长，h；A 为流域面积，$\mathrm{km^2}$。

5.3.1.2　分析结果

1. 潢川站

本次潢川站降雨径流关系分析集水区间为泼河水库、香山水库以下至潢川站区间，区间面积 1755km²。在 1968—1998 年的 40 场次洪水的基础上延长至 2012 年，增加 11 场次洪水，共 51 场次大、中、小洪水资料。区域平均雨量用新县站、泼河站等 6 站雨量的加权平均计算；前期影响雨量采用前 30d 雨量，用

公式逐日计算；径流深 R 采用斜线分割法分割基流后计算得到。对于复式洪峰，综合多次同级单一洪水的退水过程，同时参照降雨过程进行分割。潢河潢川站以上流域各雨量站分布以及权重见图 5.4 和表 5.3，1968—2012 年潢河潢川站以上流域降雨径流分析成果见表 5.4。

图 5.4　潢川站以上流域各雨量站分布

表 5.3　　　　　　　　潢河潢川站以上区流域各雨量站权重表

站名	新县	泼河	光山	潢川	吴陈河	双柳树
权重	0.292	0.252	0.223	0.060	0.128	0.045

表 5.4　　　　　　　　潢河潢川站以上流域降雨径流分析成果表

洪号	降雨起止时间						流域平均雨量 P /mm	前期影响雨量 P_a /mm	$P+P_a$ /mm	起涨流量 Q_0 /(m³/s)	实测径流深 R/mm	径流系数 α
	起			止								
	月	日	时	月	日	时						
680714							164.6	36.1	200.7	22	83.5	0.51
680716							207.9	70.0	277.9	140	174.7	0.84

洪号	降雨起止时间						流域平均雨量 P /mm	前期影响雨量 P_a /mm	$P+P_a$ /mm	起涨流量 Q_0 /(m³/s)	实测径流深 R/mm	径流系数 α
	起			止								
	月	日	时	月	日	时						
680718							141.8	70.0	211.8	100	120.2	0.85
690711							170.6	45.0	215.6	35	129.8	0.76
690714							168.8	59.0	227.8	59	131.3	0.78
690812							125.2	23.3	148.5	15	55.5	0.44
700719							176.0	19.5	195.5	26	91.2	0.52
710610							241.2	26.0	267.2	23	154.6	0.64
760517							89.9	27.0	116.9	28	28.8	0.32
770503							96.6	66.2	162.8	85	50.2	0.52
770812							123.7	9.9	133.6	20	38.0	0.31
800525	5	24	0	5	25	4	105.4	29.9	135.3	10	35.1	0.33
820715	7	14	4	7	14	14	105.3	34.1	139.4	40	48.8	0.46
820724	7	22	18	7	23	12	120.4	59.6	180.0	60	107.5	0.89
830701	6	30	16	7	1	14	77.7	50.1	127.8	37	53.9	0.69
830723	7	21	18	7	24	8	382.1	14.4	396.5	27	303.8	0.80
830916	9	15	18	9	16	8	88.8	30.3	119.1	30	42.5	0.48
831020	10	19	0	10	19	20	55.4	48.6	104.0	35	49.6	0.90
850506	5	4	10	5	5	14	80.4	58.7	139.1	35	62.4	0.78
850515	5	14	10	5	15	10	59.7	59.1	118.8	45	58.8	0.98
860716	7	15	4	7	16	14	178.9	15.9	194.8	26	126.0	0.70
870502	5	1	8	5	1	16	98.0	36.9	134.9	25	58.9	0.60
870602	5	31	20	6	1	8	85.7	48.3	134.0	16	38.5	0.45
870707	7	5	18	7	6	12	150.0	17.2	167.2	23	95.2	0.63
870807	8	5	16	8	7	2	170.8	17.9	188.7	26	113.1	0.66
870905	9	4	0	9	4	8	54.7	31.1	85.8	48	22.7	0.41
900702	7	1	4	7	2	0	96.1	13.5	109.6	26	24.6	0.26
900720	7	18	20	7	19	16	105.2	70.0	175.2	50	93.6	0.89
910701	6	31	14	7	1	6	133.1	12.5	145.6	8	49.8	0.37
910704	7	2	20	7	3	16	120.4	61.1	181.5	95	104.1	0.86
910707	7	5	20	7	6	16	79.1	59.0	138.1	155	62.3	0.79
910710	7	8	16	7	9	12	64.6	59.0	123.6	160	49.9	0.77

洪号	降雨起止时间						流域平均雨量 P /mm	前期影响雨量 P_a /mm	$P+P_a$ /mm	起涨流量 Q_0 /(m³/s)	实测径流深 R/mm	径流系数 α
	起			止								
	月	日	时	月	日	时						
920506	5	5	20	5	6	14	82.6	30.9	113.5	20	33.2	0.40
950423	4	22	0	4	22	16	97.1	37.7	134.8	10	24.5	0.25
950708	7	7	4	7	8	6	137.9	7.8	145.7	17	51.9	0.38
960715	7	14	8	7	14	20	97.9	37.3	135.2	49	56.3	0.58
960718	7	16	12	7	17	20	127.3	61.8	189.1	50	125.7	0.99
970715	7	14	8	7	15	12	153.8	19.5	173.3	35	69.6	0.45
980703	7	2	8	7	2	22	113.2	50.5	163.7	30	61.3	0.54
020724	7	22	18	7	23	20	140.5	16.5	157.0	53.6	73.8	0.53
020727	7	26	2	7	26	22	92.5	63.3	155.8	191	81.3	0.88
030623	6	21	12	6	23	2	110.9	16.6	127.5	18	36.4	0.33
030701	6	29	6	7	1	12	171.6	55.4	227.0	87.5	143.2	0.83
040719	7	17	16	7	19	8	155.7	31.1	186.8	14	78.6	0.50
040815	8	13	14	8	15	12	113.6	28.6	142.2	55	67.6	0.60
050729	7	27	22	7	28	12	54.4	37.8	92.2	46	33.2	0.61
070701	7	1	8	7	4	6	89.4	70	159.4	105	33.5	0.37
070708	7	8	19	7	12	2	129.5	70	199.5	134	119.6	0.92
080721	7	21	17	7	30	8	159.2	31.3	190.5	25.3	112.4	0.71
100714	7	14	21	7	20	0	71.9	59.8	131.7	135	32	0.45

本次分析在 1968—1998 年 40 场次降雨径流分析成果的基础上增加了 11 场次点据,依据 51 场次降雨径流成果数据,绘制以起涨流量 Q_0 为参数($Q_0<35\text{m}^3/\text{s}$ 和 $Q_0\geqslant35\text{m}^3/\text{s}$)的降雨径流相关线$(P+P_a)$-$R$,如图 5.5 所示,图 5.5 为潢河潢川站以上流域降雨径流关系图。

在图 5.5 潢河潢川站以上流域降雨径流关系图中,红色点据为新增加的点据。由图 5.5 可知,对于起涨流量 Q_0 小于 $35\text{m}^3/\text{s}$ 的关系线,部分红色点据部分位于关系线右侧,表明在相同的 $P+P_a$ 条件下,新增加的场次洪水流域的产流量偏大,而相关新增点据主要为 2000 年之后的场次洪水。

由于降雨径流关系图上只能定性的说明流域产流量减少,并不能定量地展示不同年代之间产流量的变化趋势,因此按照不同年代对潢川流域的径流深变化进行统计和分析。

为了定量分析产汇流变化规律,从不同年代分析潢川流域的产汇流变化特

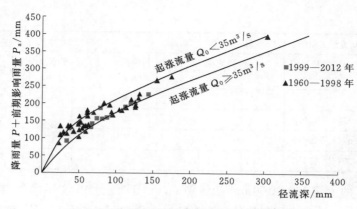

图 5.5　潢河潢川站以上流域降雨径流关系

征。本次分析以径流深大小作为流域产流特征值，根据潢河潢川站以上流域降雨径流分析成果表，比较不同年代潢川流域径流深的变化特征。由于不同场次洪水的前期影响雨量和降雨大小差异较大，因此分析径流深变化之前，需要对各场次洪水的 $P+P_a$ 大小进行分级，分析 $P+P_a$ 在同一级别的情况下，不同年代流域径流深的变化。分析结果见表 5.5。

表 5.5　　　　　　　　　　潢川流域径流深变化分析

$P+P_a$ /mm	20 世纪 60 年代		20 世纪 70 年代		20 世纪 80 年代		20 世纪 90 年代		2000 年后	
	洪号	径流深 /mm	洪号	径流深 /mm	洪号	径流深 /mm	洪号	径流深 /mm	洪号	径流深 /mm
100～150	690812	55.5	760517	28.8	800525	35.1	900702	24.6	030623	36.4
			770812	38.0	820715	48.8	910701	49.8	040815	67.6
					830701	53.9	910707	62.3	100714	87.5
					830916	42.5	910710	49.9	070701	66.2
					831020	49.6	920506	33.2		
					850506	62.4	950423	24.5		
					850515	58.8	950708	51.9		
					870502	58.9	960715	56.3		
					870602	38.5				
均值						49.8		44.1		64.4
150～200	680714	83.5	700719	91.2	820724	107.5	900720	93.6	020724	73.8
			770503	50.2	860716	126.0	910704	104.1	020727	81.3
					870707	95.2	960718	125.7	040719	78.6
					870807	113.1	970715	69.6	070708	119.6
							980703	61.3	080721	112.4

续表

$P+P_a$ /mm	20 世纪 60 年代		20 世纪 70 年代		20 世纪 80 年代		20 世纪 90 年代		2000 年后	
	洪号	径流深 /mm	洪号	径流深 /mm	洪号	径流深 /mm	洪号	径流深 /mm	洪号	径流深 /mm
均值						110.5		90.9		93.1
200~250	680718	120.2			820720	125.5			030701	143.2
	690711	129.8								
	690714	131.3								

$P+P_a$ 的值在 100~150mm 的级别下，由于 20 世纪 60 年代和 70 年代的洪水资料较少，无法代表该年代的径流深特征，因此不参与分析。从表 5.5 可以看出，20 世纪 80 年代潢川流域径流深均值为 49.8mm，90 年代径流深均值为 44.1mm，2000 年后径流深均值为 64.4mm；表明在 100~150mm 级别下，80—90 年代潢川流域产流量随着时间迁移呈现减少的趋势，90 年代至 2000 年后潢川流域径流深增加。在 150~200mm 级别下，同样地 20 世纪 60 年代和 70 年代由于资料较少，不参与分析，80 年代、90 年代、2000 年后潢川流域径流深均值分别为 110.5mm、90.9mm、93.1mm，径流深大小同样呈现先减少后增大的趋势，说明在 150~200mm 级别下，80—90 年代潢川流域产流量随着年代的增加呈现减小的趋势，90 年代至 2000 年后潢川流域产流量随着年代的增加呈现增加的趋势。由于 200~250mm 级别下各个年代的场次洪水资料均较少，因此不对其进行分析。总体而言，80—90 年代潢川流域产流大小呈现减少的趋势，90 年代至 2000 年后潢川流域产流大小呈现增加的趋势。结合本章 5.2 节潢川流域土地利用变化分析，1995 年较 1980 年，潢川流域水田面积增加较多，旱地面积减少幅度较大，与产流变化趋势相符合。

上述分析中存在部分年代无法分析的情况，主要原因是某一 $P+P_a$ 级别下部分年代洪水资料短缺，无法代表该年代的径流深特点。因此采用径流系数代表潢川流域产流的分析方法，结合土地利用变化分析潢川流域的产流变化特点。

结合表 5.4 中潢川流域场次洪水径流系数和表 5.1 中潢川流域土地利用变化，计算 20 世纪 80 年代、90 年代、2000 年后潢川流域的径流系数均值，以及不同年代的土地利用分布情况，表 5.6 为潢川流域径流系数变化和土地利用变化分析，图 5.6 为土地利用和径流系数对比。

根据图 5.6 可知，潢川流域径流系数 20 世纪 80—90 年代呈现减少的趋势，90 年代至 2000 年后呈现增加的趋势，说明潢川流域产流量先减少后增加，与前面潢川流域径流深分析结果相一致，弥补了年代资料不足无法分析的问题。另外，80—90 年代潢川流域旱地面积大大减少、水田面积和林地面积增加，不利

表 5.6   潢川流域径流系数变化和土地利用变化分析

参　　数		20 世纪 80 年代	20 世纪 90 年代	2000 年后
径流系数	α	0.65	0.58	0.61
水田面积比例/%	RICE	26.6	57.6	52.3
旱地面积比例/%	AGRC	50.8	9.92	9.6
林地面积比例/%	FRST	21	31.4	30.1

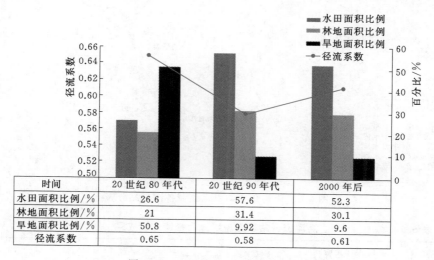

图 5.6　土地利用和径流系数对比

于流域产流的形成，90 年代至 2000 年以后潢川流域旱地面积增加、水田和林地面积减少，有利于流域产流的形成，与流域的径流系数变化趋势一致。

　　2. 班台站

　　班台站降雨径流关系分析所用区间为五沟营站、宿鸭湖水库以下至班台站区间，区间面积 5218km²。选用 1973—2012 年水文资料（上游水库垮坝、河道决口的资料除外）系列。

　　在 1973—1998 年的 32 场次洪水基础上延长至 2012 年，增加 8 场次洪水，共 40 场次大、中、小洪水资料。区域平均雨量采用班台站等 14 站雨量的算术平均计算；前期影响雨量采用前 30 天雨量，用公式逐日计算；径流深 R 用扣除五沟营站、宿鸭湖水库来水和分割基流后的流量过程进行计算，其中基流分割采用斜线分割法；若为复式洪峰，后峰的基流一般用直线分割（100m³/s 左右）；当宿鸭湖水库泄流小于 100m³/s 时，分割时包括在基流中。洪河班台站以上流域各雨量站分布如图 5.7 所示，1973—2012 年洪河班台站以上流域降雨径流分析成果见表 5.7。

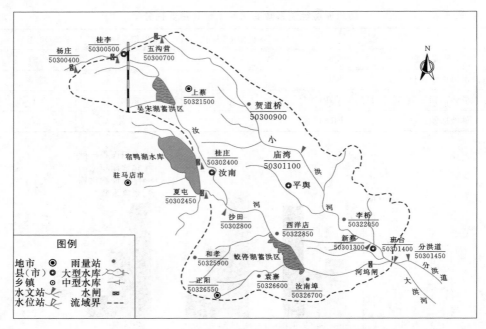

图 5.7　洪河班台站以上流域各雨量站分布

表 5.7　　　　　　　　　　洪河班台站以上流域降雨径流分析成果

洪号	降雨起止时间				流域平均雨量 P /mm	前期影响雨量 P_a /mm	$P+P_a$ /mm	降雨分布	实测径流深 $R_{实}$/mm	径流系数 α
	起		止							
	日	时	日	时						
730501	28	20	30	20	160.8	48.3	209.1	下游	92.7	0.58
750625	20	10	23	14	119.4	0	119.4	下游	22.1	0.19
800525	23	20	24	20	100.2	25.5	125.7	上游	23.5	0.23
800625	23	8	24	14	130	65.2	195.2	均匀	74.1	0.57
800825	23	12	24	20	95.9	41.7	137.6	上游	36.3	0.38
820716	15	2	15	14	72	78.6	150.6	上游	29.9	0.42
820723	20	20	22	12	174.7	124	298.7	上游	167.5	0.96
820815	11	10	14	14	132.9	130	262.9	上游	121.4	0.91
830722	20	8	22	14	131.1	67.1	198.2	下游	67.3	0.51
830911	8	8	10	12	63.3	61	124.3	均匀	12.5	0.2
831006	3	12	7	8	109.6	48.7	158.3	均匀	35	0.32
831020	17	20	19	10	76	87.4	163.4	均匀	42.6	0.56
840613	12	10	13	14	186.8	22.9	209.7	下游	91.2	0.49

洪号	降雨起止时间				流域平均雨量 P /mm	前期影响雨量 P_a /mm	$P+P_a$ /mm	降雨分布	实测径流深 $R_实$ /mm	径流系数 α
	起		止							
	日	时	日	时						
840720	17	10	20	16	146.1	44.3	190.4	上游	62.3	0.43
840727	24	2	27	2	98.8	113.4	212.2	上游	58.1	0.59
840910	6	2	11	8	176.3	47.8	224.1	上游	100.4	0.57
870721	17	14	20	14	94.8	59.9	154.7	上游	36.4	0.38
890608	6	14	7	22	117	16.3	133.3	上游	20	0.17
890716	14	0	16	2	99.6	61	160.6	上游	49.3	0.49
890808	5	8	8	2	108.4	70.8	179.2	上游	52.4	0.48
890928	24	14	26	8	61.7	18	79.7	上游	7.2	0.12
910601	28	14	1	8	85.9	68.2	154.1	均匀	30.5	0.36
910614	12	14	15	8	183.2	68.7	251.9	下游	132.4	0.72
910707	5	8	7	8	75.5	68.3	143.8	下游	29.2	0.39
910807	5	8	7	8	85.5	80.7	166.2	下游	49	0.57
960629	28	8	28	22	90.7	54.5	145.2	下游	13.8	0.15
960704	3	2	4	2	75.2	104.6	179.8	均匀	19.4	0.26
960708	8	2	8	14	64.5	104.7	169.2	均匀	26.3	0.41
960721	20	14	21	2	30.7	91	121.7	下游	13.7	0.45
980630	29	2	30	14	171.7	21.2	192.9	下游	70.1	0.41
980702	1	2	2	20	84.5	122	206.5	均匀	81	0.96
980811	9	8	10	14	89.2	100.6	189.8	下游	61.5	0.69
629	24	14	27	20	210.6	45.2	255.8	上游	51.5	0.24
30702	29	8	4	14	249.6	82	331.6	下游	162.2	0.65
30722	20	20	21	16	119.9	82.5	202.4	下游	92.5	0.77
50710	9	20	10	12	105	130	235	下游	95.1	0.91
50830	28	10	29	18	72.7	107	179.7	下游	53.3	0.73
60703	3	19	11	0	71.2	85.8	156.9	下游	56.5	0.79
80723	23	6	31	20	61.4	124.9	186.3	下游	49.4	0.80
100719	19	21	28	0	71.9	79.5	151.4	下游	47.2	0.66

　　本书在 1973—1998 年 32 场次降雨径流分析成果基础上增加了 8 场次点据，依据 40 场次降雨径流成果数据，绘制降雨径流相关线（P - P_a - R），图 5.8 为洪河班台站以上流域降雨径流关系。

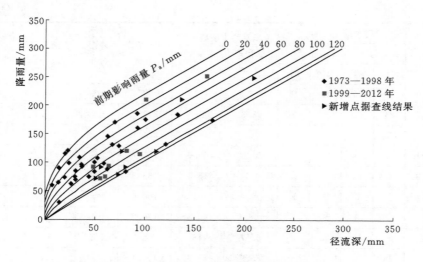

图 5.8　洪河班台站以上流域降雨径流关系

在图 5.8 洪河班台站降雨径流关系图中，红色点据为新增加场次洪水对应的实测径流深值，黑色三角形点据为新增加场次洪水查线得到的径流深值，比较发现部分实测点据较查线得到的点据较实测偏左，表明班台流域新增加场次洪水的径流深基本呈现增加的趋势，且这些点据基本上是 2000 年后的场次洪水；另一部分点据查线结果略偏右，表明实际径流深较查线结果的径流深略偏小，且大部分点据为 20 世纪 80—90 年代的场次洪水。

同样地，通过不同年代径流深变化定量分析班台流域产汇流变化规律。本次分析以径流深大小作为流域产流特征值，根据班台站降雨径流分析成果表，比较不同年代班台流域径流深的变化特征。由于不同场次洪水的前期影响雨量和降雨大小差异较大，因此分析径流深变化之前，需要对各场次洪水的 $P+P_a$ 大小进行分级，分析 $P+P_a$ 在同一级别情况下，不同年代流域径流深的变化。分析结果见表 5.8 班台流域径流深变化分析。

$P+P_a$ 的值在 $100 \sim 150\text{mm}$ 的级别下，由于 20 世纪 60 年代、70 年代以及 2000 年后的洪水资料较少，无法代表该年代的径流深特征，因此该级别下不参与分析。在 $150 \sim 200\text{mm}$ 级别下，同样地 20 世纪 70 年代由于资料较少，不参与分析。20 世纪 80 年代、90 年代、2000 年后班台流域径流深均值分别为 49.9mm、45.8mm、82.3mm，80 年代、90 年代径流深相差不大，90 年代至 2000 年后径流深呈现增大的趋势，说明在 $150 \sim 200\text{mm}$ 级别下，80—90 年代班台流域产流量变化较小，90 年代至 2000 年后班台流域产流量随着年代的增加呈现增加的趋势。在 $200 \sim 250\text{mm}$ 级别下，80 年代、90 年代、2000 年后班台流域

表 5.8　　　　　　　　　　　　　班台流域径流深变化分析

$P+P_a$ /mm	20 世纪 70 年代		20 世纪 80 年代		20 世纪 90 年代		2000 年后	
	洪号	径流深 /mm	洪号	径流深 /mm	洪号	径流深 /mm	洪号	径流深 /mm
100~150	750625	22.1	800525	23.5	910707	29.2		
			820716	29.9	960629	13.8		
			830911	12.5	960721	13.7		
			890608	20.0				
均值				21.5		18.9		
150~200			800625	74.1	910601	30.0	050830	53.3
			820716	29.9	910807	49.0	060703	56.5
			830722	67.3	960704	19.4	080723	49.4
			831006	35.0	960708	26.3	100719	47.2
			831020	42.6	980630	70.1		
			840720	62.3	980811	79.9		
			870721	36.4				
			890716	49.3				
			890808	52.4				
均值				49.9		45.8		51.6
200~250	730501	92.7	840613	91.2	980702	81.0	030722	92.5
			840727	58.1			050710	95.1
			840910	100.4				
均值				83.2		81		93.8

径流深均值分别为 83.2mm、81mm、93.8mm，同样地，80 年代、90 年代径流深相差不大，90 年代至 2000 年后径流深呈现增大的趋势，说明在 200~250mm 级别下，80—90 年代班台流域产流量变化较小，90 年代至 2000 年后班台流域产流量随着年代的增加呈现增加的趋势。总体而言，20 世纪 80—90 年代班台流域产流量变化较小，90 年代至 2000 年以后班台流域产流大小呈现增加的趋势。结合本章 5.2 节班台流域土地利用变化分析，1995 年较 1980 年，班台流域旱地面积基本不变，且旱地面积比重较大，其他指标占比较小，变化影响不大，与产流变化趋势相符合；2010 年较 1995 年旱地面积略减少，城镇用地增加较多，因此产流变化趋势与土地利用变化相符合。

同样地，上述分析中存在部分年代某一 $P+P_a$ 级别下洪水资料短缺问题，无法代表该年代的径流深特点。因此采用径流系数代表班台流域产流的分析方法，结合土地利用变化分析班台流域的产流变化特点。

结合表 5.7 中班台流域场次洪水径流系数和表 5.2 中班台流域土地利用变化，计算 20 世纪 80 年代、90 年代、2000 年后潢川流域的径流系数均值，以及不同年代的土地利用分布情况。图 5.9 为土地利用和径流系数对比。

表 5.9　　　　　　　班台流域径流系数变化和土地利用变化分析

参　　数		20 世纪 80 年代	20 世纪 90 年代	2000 年后
径流系数	α	0.46	0.49	0.69
水田面积比例/%	RICE	1.17	1.03	0.29
旱地面积比例/%	AGRC	97.9	97.6	81.8
林地面积比例/%	FRST	0.02	0.16	0.73
水域面积比例/%	WATR	0.01	0.07	1.26
城镇用地面积比例/%	URHD	0.95	1.12	15.9

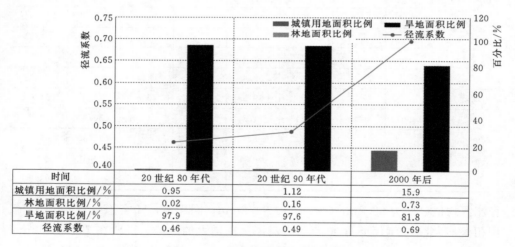

图 5.9　土地利用和径流系数对比

根据图 5.9 可知，班台流域径流系数 20 世纪 80—90 年代基本没有变化，90 年代至 2000 年以后呈现增加的趋势，说明班台流域产流量 80—90 年代基本未发生变化，90 年代至 2000 年以后呈现增加趋势，与前面班台流域径流深分析结果相一致，弥补了年代资料不足无法分析的问题。另外，80—90 年代班台流域旱地面积基本相同，其他指标占比较少且未发生较大变化，90 年代至 2000 年以后班台流域城镇用地面积增加较多，有利于流域产流的形成，与流域的径流系数变化趋势一致。

5.3.2 汇流变化特点

5.3.2.1 分析方法

选取汇流关键参数洪水传播时间来分析汇流演变规律。利用 1960—2012 年水文资料对潢川站和班台站到王家坝站河道洪水传播时间进行分析，将本次成果与以往分析成果（1960—1998 年）进行比较，分析河道洪水传播时间变化情况。

具体技术路线如下：

（1）选取潢河或洪汝河洪水对淮河王家坝站影响大的场次洪水，即淮河王家坝洪峰主要由潢河或洪汝河的洪水造成。

（2）统计场次洪水中潢川站、班台站和王家坝站洪峰水位和洪峰流量及相应出现时间。

（3）根据潢川站、班台站和王家坝站洪峰水位、洪峰流量及相应出现时间等数据，点绘河道洪水传播时间曲线。

5.3.2.2 分析结果

1. 潢川站—王家坝站

潢川站—王家坝站洪水传播时间分析选用潢河洪水较大、淮河干流洪水较小的洪水场次，即淮河干流洪峰主要由潢河洪水构成。

潢川站—王家坝站洪峰传播时间由于供选用的洪水场次较少，无法点绘洪峰传播时间曲线，分析出洪峰传播时间为 32~38h。

2. 宿鸭湖水库—班台站

宿鸭湖水库—班台站洪水传播时间分析采用水库泄量较大的年份，即 1982 年、1984 年、1991 年、1996 年、1998 年、2000 年、2003 年、2007 年等。

宿鸭湖水库泄水—班台站洪水传播时间成果如图 5.10 所示，其使用方法如下：

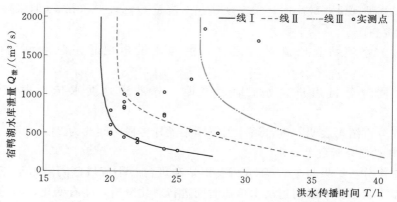

图 5.10 宿鸭湖水库—班台站洪水传播时间曲线

（1）当班台站起始流量 $Q_{班起}$＜1000m³/s 时，用线Ⅰ。

（2）当班台站起始流量 1000m³/s＜$Q_{班起}$＜1900m³/s 时用线Ⅱ。

（3）当班台站起始流量 $Q_{班起}$＞1900m³/s 时用线Ⅲ。

（4）班台站起始流量为宿鸭湖水库放水时班台站同时刻的流量。

（5）班台站上游 13km 处建有河坞拦河闸，宿鸭湖水库泄水可能会受该闸门调蓄影响，使用时应注意。

（6）班台水文站保证流量为 1800m³/s。

由于班台站上游建有河坞拦河闸，使得宿鸭湖水库—班台站洪水传播时间受到一定影响：班台站以上发生大洪水时，区间来水较大，河坞闸全开，不影响洪水传播时间，但由于区间来水大，水库泄水比重较小，分析难度比较大；中等洪水时，区间来水不大，宿鸭湖水库泄水的同时或泄水后几小时，河坞闸也开始泄洪，影响洪水传播时间分析；小洪水时，区间来水较小，水库泄水行进到河坞闸时，河坞闸才开闸放水，或者全开，或者开一部分。以上这些原因都会影响洪水传播时间的分析成果。经分析，河坞闸开闸放水到班台站洪水传播时间为 2～4h。

因此，宿鸭湖水库至班台站传播时间约为 20～28h。

3. 班台站—王家坝站

班台站—王家坝站洪水传播时间分析选用洪河洪水较大、淮河干流洪水较小的洪水场次，即淮河干流洪峰主要由洪河洪水构成。采用资料为 1996 年、1998 年、2003 年、2007 年等。

班台站—王家坝站洪峰传播时间由于供选用的洪水场次较少，无法点绘洪峰传播时间曲线，具体结果如下：

（1）当淮河洪水较大时，王家坝站起始流量 $Q_{王起}$＜1500m³/s 时洪峰传播时间为 24h 左右。

（2）当淮河洪水较小时，王家坝站起始流量 $Q_{王起}$≥1500m³/s 时洪峰传播时间为 30h 左右。

（3）王家坝站起始流量为班台站洪峰流量出现时王家坝站同时刻的流量。

（4）同时分析出班台站—地理城站（分洪道）洪水传播时间为 26h 左右。

最终分析结果表明，班台站—王家坝站洪峰传播时间约为 24～30h。

4. 与以往分析成果对比

将本次分析结果与 1998 年分析潢川站和班台站小流域区间洪水汇流时间及控制站以下到王家坝站河道洪水传播时间进行对比分析，略有变化，但总体变化不大。洪水传播时间对比见表 5.10。

表 5.10 洪 水 传 播 时 间 对 比

上游站	下游站	河段长度/km	洪水传播时间/h	
			1998 年	2012 年
潢川站	王家坝站	97	30～36	32～38
宿鸭湖水库	班台站	94	20～27	20～28
班台站	王家坝站	80	20～26	24～30

第 6 章

结 论 与 建 议

6.1　结论

　　针对淮河流域环境演变规律、流域暴雨气候特征规律、流域洪涝演变特征规律、流域典型区域产汇流规律等科学问题，本书采用长序列水文、气象资料，系统研究了近 60 年淮河流域气温、降水量、土地利用、水利工程与河道、重要控制站水位流量、水资源及蒸发量演变等要素演变规律；统计分析了暴雨产生的气候背景和天气成因，得出了暴雨的时空分布特征及其主要影响因子，探明了流域暴雨的时空分布特征及其成因；依据暴雨时空分布及其不同的下垫面条件，分析了洪涝分布演变规律及其影响因子，确定了引起洪涝的降水临界点，分析了暴雨的时空分布对洪涝分布、组合以及洪涝演变的影响，统计分析了旱涝急转现象的一般规律及成因；通过研究流域下垫面变化及产汇流特性，分析了典型区域的产汇流演变特征。本书得出了以下主要结论。

6.1.1　流域环境演变规律

　　（1）气温变化规律：近 60 年淮河流域年平均气温有明显的上升趋势，四季平均气温也有不同程度的上升趋势，但各季节增温幅度有所不同。

　　（2）降水量变化规律：60 年来的气候变化中，多年平均年降水量总体变化不大。从 1960 年代至 2010 年代，每个年代之间淮河流域春季和夏季降水趋势以多雨和少雨交替出现，秋季总体以多雨为主，冬季总体以少雨为主。其中，全流域夏季降水量有上升的趋势，降水分布总体呈"南多北少、东多西少"分布。

　　（3）土地利用空间演变规律：流域土地利用类型主要以旱地、水田为主，土地利用空间演变总体不大，但自 20 世纪 90 年代开始城镇用地面积增加明显。

（4）水利工程与河道演变规律：自 20 世纪 90 年代开始，流域水利工程进入建设高峰期，先后开展了治淮 19 项骨干工程、治淮 38 项工程建设等。通过系统和大规模治理，淮河中游河段两岸堤距平均宽度增加 1.5km，河道过水断面面积显著增加，河道行洪能力明显提升，王家坝站至润河集站、润河集站至鲁台子站、鲁台子站至淮南站、淮南站至蚌埠（吴家渡）站平均传播时间比河道治理前分别缩短约 11h、11h、16h、8h。

（5）重要控制站水位流量演变规律：淮河干流润河集站以上的干支流主要站不同年代平均水位逐渐下降，润河集站至蚌埠（吴家渡）站区间的支流主要站不同年代平均水位逐渐升高，正阳关站、蚌埠（吴家渡）站不同年代平均水位波动变化，沂沭泗河水系沂河临沂站不同年代平均水位逐渐下降。淮河流域不同年代平均流量变化趋势在干支流不同区域存在较大区别，与多年平均流量相比，2011—2015 年正处于平均流量偏小的阶段。

（6）水资源及蒸发量演变规律：淮河流域的水资源具有地区分布不均、年内分配集中和多年变化剧烈的特点。流域年径流系数地区分布特点是"自南向北递减、山区大于平原"，淮河区径流系数总变幅为 0.10～0.65。流域蒸发量呈现"南小北大、东多西少"的特点，其中 1980—2012 年蒸发量呈现逐渐减小的趋势。

6.1.2 流域暴雨气候特征规律

（1）暴雨量时间变化特征：淮河流域的年暴雨量呈上升趋势，但是并不显著。流域典型的暴雨年份可分为黄淮同涝型、江淮同涝型、东部全流域型、淮涝型、上游内陆型，其中黄淮同涝型和江淮同涝型占比 70%。

（2）暴雨日数统计特征：从时间上看，淮河流域年暴雨日数有增加趋势，但是并不显著。从空间上看，淮河以南地区的暴雨日数相对淮河以北地区变化更大；当产生暴雨的天气系统停滞于淮河以南时，淮南地区的暴雨日数增加，当天气系统偏北时，则淮北地区的暴雨日数增加；西部地区的暴雨日数增加，则东北地区的暴雨日数变少，反之亦然。

（3）降水极值指标统计特征：淮河流域降水极值指标变化的空间格局基本是一致变化的，但各指标的高变率区并不同，降水量的高变率区在流域南部及干流附近，大体与多年平均降水量的高值区一致；降水概率的高变率区在流域西部，包括干流上游及南部和北部沙颍河上游；降水强度的高变率区主要位于淮河干流附近；流域降水量、降水强度呈上升趋势，但降水概率呈弱的下降趋势。淮河流域降水极值指标变化也存在南北反相变化的空间格局。

（4）淮河致洪暴雨成因：根据淮河流域 1949 年以来典型洪涝年份中 26 个集中强降水过程，形成淮河暴雨的天气形势大致可分为两高两低、单阻型、双阻型、其他环流型。根据暴雨和气候环流背景分析，淮河流域暴雨主要类型为梅雨型、台风型、局地暴雨型。流域中游地区因梅雨锋降水而形成洪水，淮北平原因地势平坦易内涝；下游及洪泽湖周边区因梅雨锋强降水和低洼平坦地形易形成涝灾。在洪涝灾害中，以梅雨降水为主，台风暴雨相对较少。

6.1.3 流域洪涝演变特征规律

（1）淮河洪涝时间分布特征：从年内分布看，淮河洪涝与暴雨在时间上存在高度一致性，洪涝主要发生在 6—8 月，与暴雨发生的频率相似。通过淮河王家坝站、润河集站、正阳关站等控制站历年最高水位和最大流量分析，7 月洪涝次数最多，约占 50%，6 月和 8 月洪涝发生次数相当，均约占 20%。从年际分布看，淮河流域洪涝发生频繁，大洪涝、中洪涝和小洪涝重现期分别为 7～8 年、6～7 年和 2～3 年。

（2）淮河洪涝空间分布特征：由分区暴雨洪涝指数及统计分析可知，淮北平原区多年平均洪涝最为严重，而且年际间变化相对较小，洪涝重现期为 3～4 年；山丘区的洪涝极值较大，易发生极端洪涝，年际间变化大，而且空间分布也不均衡。由因子分析可知，淮河水系洪涝主要由上中游山丘及主要支流区、淮北平原区和中下游丘陵区的暴雨所致。

（3）淮河"关门淹"特征：淮河中游沿淮洼地、湖泊水位受淮河干流水位顶托影响严重。1954 年、1956 年、1963 年、1982 年、1991 年、2003 年和 2007 年淮河中游沿淮洼地、湖泊水位比淮河干流洪水位平均低 1m 左右，东湖闸最高水位比淮河干流水位低 2.11m；顶托历时平均约为 66d，最高东淝河闸站达到 116d。淮河干流洪水顶托造成沿淮洼地来水无法外排，形成"关门淹"，淹没水深大，持续时间长，洼地淹没水深一般在 2.0～4.0m，淹没时间一般在 30～60d。

（4）旱涝急转时空分布及雨水情特征：①从旱涝急转事件 3d、5d、10d 3 个不同时间长度的降水阈值看，对于南四湖区，3d、5d、10d 降水量阈值分别为80mm、130mm 和 180mm；对于其他区域，降水量阈值分别为 100mm、150mm和 200mm。②从旱涝急转事件主要水文控制站水位变化看，淮河流域历次旱涝急转事件中，上、中、下游水位均有明显的变化。其中王家坝站水位在历次事件中涨幅最大，旱、涝时期水位差平均为 9.16m；正阳关站和蚌埠（吴家渡）站水位变化也较大，正阳关站水位差平均为 8.12m，蚌埠（吴家渡）站水位差平均为 8.64m。③从旱涝急转事件首场暴雨气候特征看，首场暴雨日雨量大值区位于南部上游以及沿淮地区，历次平均暴雨过程的雨量都在 60mm 以上，特别是桐柏山—淮河干流—洪泽湖一线，平均雨量在 80mm 以上，而流域北部雨量较小，河南中北部和山东平均雨量在 40mm 以下，因此流域南部是旱涝急转事件发生频率最高的区域。根据天气系统将旱涝急转首场暴雨的环流形势分为三类，第一类在高纬中区为宽广的低槽，第二类在高纬中区有高压脊或阻高分布，第三类为台风型。④从旱涝急转事件夏季雨带移动特征看，在旱涝急转事件前期，华南前汛期降水较常年明显偏多，可以作为旱涝急转的前期异常信号。

6.1.4　流域典型区域产汇流规律

近些年淮河流域下垫面的变化明显影响着流域的蒸散发特性及产汇流过程，相应的降雨径流特性也发生了显著改变。选取淮河上游的潢川流域、班台区间流域作为典型研究区域，利用水文模型开展土地利用变化对洪水影响的研究，得到了以下研究结果。

（1）20 世纪 80—90 年代潢川流域产流系数呈现减少的趋势，20 世纪 90 年代至 2000 年后呈现增加的趋势；潢川站至下游重要控制站王家坝站 2012 年洪水传播时间较 1998 年略有增加，总体变化不大。

（2）20 世纪 80—90 年代班台流域产流系数基本无变化，20 世纪 90 年代至 2000 年后呈现增加的趋势；班台站至下游重要控制站王家坝站 2012 年洪水传播时间较 1998 年增加 4h 左右。

6.2　建议

气候过渡带的特殊性导致了流域内降雨时空分布不均，极易发生洪涝、干旱灾害；淮河流域平原面积比重大、地势低平、蓄排水条件差的特点以及淮河南北扇形不对称的河流水系形态决定了淮河流域是极易孕灾的区域；黄河夺淮加剧了淮河流域洪涝旱灾程度，影响深远。淮河流域内人口密集，土地开发利用程度高，人与水争地的矛盾十分突出；随着流域经济的不断发展，又出现了水质恶化、水资源过度开发、城市无序发展等问题，加剧了洪涝灾害的影响程度和水资源的供需矛盾；经济社会发展还将对水利的发展不断提出新的要求。这些都决定了淮河流域治理是一个长期的、复杂的、不断完善的过程，不可能一蹴而就。

1. 加强宣传教育，提高全民防洪抗旱的减灾意识

洪涝灾害危害千家万户，防灾减灾是全社会的共同事业，为了最大限度地减少洪涝、干旱灾害的损失，必须依靠全社会的重视、关心和积极参与。历史经验充分证明，遇到同等旱涝灾害时，抗灾意识强，准备充分的地方，灾害的损失就相对较小，反之则损失重大。提高全民的避灾、防灾、抗灾、减灾和救灾意识，是一项基本任务，并非权宜之计，要居安思危，未雨绸缪，时刻警惕可能发生的旱涝灾害。提高全民的减灾意识，不仅要宣传群众，提高人们对执行减轻水旱灾害而制定的各项法规的自觉性，真正做到治、防、避相结合，积极参与防灾减

灾，而且要向社会各行各业进行广泛宣传，便于各部门在避灾、防灾、抗灾、减灾和救灾方面的协调与合作。充分利用各种手段与途径，提高人们对防灾减灾重要性的认识、理解与支持，只有这样，才能顺利实施规划各项措施，才能充分发挥防灾减灾体系更大的作用。

2. 开展洪涝灾害的成因和规律性研究，提高雨水情预报的准确率

虽然部分高校、研究院所、水利和气象部门对淮河流域的洪涝灾害已做了一些初步的分析研究，但是在深层次成因和发生规律方面还需要进一步深入系统地研究。基于已做的工作，作者认为重点研究方向需要放在暴雨成因方面，并着重分析研究长期持续洪涝的大气环流条件和气候背景、致洪暴雨天气系统及其组合的大气环流条件，利用先进互联网技术手段，采用大数据、云计算和数值模拟技术对致洪暴雨的演变、洪水的形成与演进规律进行数字化研究，开展人类活动的水文效应研究，如防洪的工程措施与非工程措施运用后对洪水要素的影响等，为新一代洪水预报模型的研制与应用提供基础信息，不断提高暴雨和洪水预报的精度和预报预见期，为洪水调度方案的形成与决策提供强有力的科学依据。对于干旱，应在对已发生旱灾的演变过程和各种类型的干旱进行成因与发生规律研究的基础上，深入分析气候异常的早期信号，建立流域重点易旱区的墒情信息采集处理和分析系统，开展区域气候异常与流域洪涝灾害的长期预测研究，为提高雨情、水情和旱情的预报精度提供技术支持。

3. 建立洪、涝、旱灾害的监测、快速评估和预警系统

洪、涝、旱灾害的监测系统可包括通过地面的台站组成的监测网络和采用卫星遥感技术的大范围实时监测两种方式。建立基于 GIS 体系的旱涝灾情评估和预警系统，可以及时地了解和发布旱涝灾害的发生、发展、持续和缓解过程与灾情实况和阶段性评估。充分利用现代化的高分辨率卫星、无人机等遥感技术手段，借助基于"互联网＋"的信息采集与传递以及新一代通信技术（5G）等，建立和应用灾害监测、评估和预警系统，把洪、涝、旱灾害信息的接收、处理、分析评估和预警发布的全过程融入灾害发生的动态过程中，以赢得抗灾救灾时间，提高防灾减灾指挥决策的科学水平，将旱涝灾害的损失减小到最低限度。

参 考 文 献

［1］ 水利部水文局，水利部淮河水利委员会. 2003 年淮河暴雨洪水 ［M］. 北京：中国水利水电出版社，2006.

［2］ 水利部水文局，水利部淮河水利委员会. 2007 年淮河暴雨洪水 ［M］. 北京：中国水利水电出版社，2010.

［3］ 淮河水利委员会水文局（信息中心）. 2017 年淮河暴雨洪水 ［M］. 北京：中国水利水电出版社，2019.

［4］ 钱名开，孙勇，罗泽旺. 淮河研究会第五届学术研讨会论文集 ［C］. 北京：中国水利水电出版社，2010.

［5］ 冯志刚，程兴无，陈星，等. 淮河流域暴雨强降水的环流分型和气候特征 ［J］. 热带气象学报，2013，29（5）：824-832.

［6］ 刘富弘，陈星，程兴无，等. 气候过渡带温度变化与淮河流域夏季降水的关系 ［J］. 气候与环境研究，2010，15（2）：169-178.

［7］ 梁树献，周国良，高唯清，等. 登陆台风对淮河流域降水影响特征分析 ［J］. 中国防汛抗旱，2019，29（163）：43-48.

［8］ 赵梦杰，徐时进，王凯，等. 王家坝以上流域降水量与年最大洪峰流量响应关系研究 ［J］. 治淮，2020，（1）：16-18.

［9］ 胡伯威，潘鄂芬. 梅雨期长江流域两类气旋性扰动和暴雨 ［J］. 应用气象学报，1996，7（2）：138-144.

［10］ 刘淑媛，郑永光，王洪庆，等. 1998 年 6 月 28 日—7 月 2 日淮河流域暴雨分析 ［J］. 气象学报，2002，60（6）：774-779.

［11］ 杨静，王鹏云，李兴荣. "99·6" 梅雨锋暴雨云和降水物理过程的中尺度数值模拟 ［J］. 热带气象学报，2003，19（2）：203-212.

［12］ 尹洁，叶成志，吴贤云，等. 2005 年一次持续性梅雨锋暴雨的分析 ［J］. 气象，2006，32（3）：86-92.

［13］ 赵玉春，王叶红，崔春光. 一次典型梅雨锋暴雨过程的多尺度结构特征 ［J］. 大气科学学报，2011，34（1）：14-27.

［14］ 周宏伟，王群，裴道好，等. 苏北东部一次梅雨锋大暴雨过程的多尺度特征 ［J］. 气象，2011，37（4）：432-438.

［15］ 矫梅燕，毕宝贵，鲍媛媛，等. 2003 年 7 月 3—4 日淮河流域大暴雨结构和维持机制分析 ［J］. 大气科学，2006，30（3）：475-490.

［16］ 张铭，安洁，朱敏. 一次暴雨过程的 EOF 分析 ［J］. 大气科学，2007，31（2）：321-328.

［17］ 李江南，王安宇，杨兆礼，等. 台风暴雨的研究的进展 ［J］. 热带气象学报，2003，19（21）：152-159.

［18］ 闫淑莲，周淑玲，李宏江. 远距离热带气压影响下山东半岛特大暴雨成因分析 ［J］. 热带气象学报，2008，24（1）：81-87.

[19] 林学椿，于淑秋. 1991 年江淮地区特大洪涝时期的环流特征 [J]. 热带气象学报，1993，9（4）：335 - 343.

[20] 陆尔，丁一汇，李月洪. 1991 年江淮特大暴雨的位涡分析与冷空气活动 [J]. 应用气象学报，1994，5（3）：266 - 274.

[21] 乔全明，罗坚，杨信杰，等. 1991 年江淮梅雨暴雨与亚洲季风的关系 [J]. 热带气象学报，1994，10（1）：64 - 68.

[22] 陆尔，丁一汇. 1991 年江淮特大暴雨的降水性质与对流活动 [J]. 气象学报，1997，55（3）：318 - 333.

[23] 李曾中. 1991 年江淮暴雨与越赤道气流关系初步分析 [J]. 气象学报，2000，58（5）：628 - 636.

[24] 何敏，龚振淞，许力. 热带环流系统异常对 2003 年淮河持续性暴雨的影响 [J]. 热带气象学报，2005，21（3）：323 - 329.

[25] 姚秀萍，于玉斌，刘还珠. 2003 年淮河流域异常降水期间副热带高压的特征 [J]. 热带气象学报，2005，21（4）：393 - 401.

[26] 金荣花，矫梅燕，徐晶，等. 2003 年淮河多雨期西太平洋副高活动特征及其成因分析 [J]. 热带气象学报，2006，22（1）：60 - 66.

[27] 王黎娟，管兆勇，何金海. 2003 年淮河流域致洪暴雨的环流背景及其与大气热源的关系 [J]. 气象科学，2008，28（1）：1 - 7.

[28] 周玉淑，李柏. 2003 年 7 月 8—9 日江淮流域暴雨过程中涡旋的结构特征分析 [J]. 大气科学，2010，34（3）：629 - 639.

[29] 李勇，周兵，金荣花. 2007 年淮河强降水时期低频环流特征 [J]. 气象学报，2010，68（5）：740 - 747.

[30] 桂海林，周兵，金荣花. 2007 年淮河流域暴雨期间大气环流特征分析 [J]. 气象，2010，36（8）：8 - 18.

[31] 矫梅燕，姚学祥，周兵，等. 2003 年淮河大水天气分析与研究 [M]. 北京：气象出版社，2004：215.

[32] 江志红，梁卓然，刘征宇，等. 2007 年淮河流域强降水过程的水汽输送特征分析 [J]. 大气科学，2011，35（2）：361 - 372.

[33] 张雁，丁一汇，马强. 持续性梅雨锋暴雨的环流特征分析 [J]. 气候与环境研究，2001，6（2）：161 - 167.

[34] 杨红梅，雷雨顺. 梅雨期特大暴雨的合成分析 [J]. 气象学报，1983，41（4）：472 - 480.

[35] 陶诗言，卫捷，张小玲. 2007 年梅雨锋降水的大尺度特征分析 [J]. 气象，2008，34（4）：3 - 15.

[36] 冯颖，石朋，王凯，等. 淮河干流与洪河洪水遭遇规律研究 [J]. 三峡大学学报（自然科学版），2018，40（6）：1 - 5.

[37] 赵梦杰，程兴无，陈红雨. 基于 3S 技术的洪水和水环境健康风险评价与管理平台构建 [J]. 治淮，2015，（12）：45 - 47.

[38] 赵梦杰，胡友兵，王凯，等. 基于大数据与 B/S 结构的淮河流域防洪调度系统研究及应用 [J]. 治淮，2018，（4）：89 - 91.

[39] 刘开磊，胡友兵，汪跃军，等. BMA 集合预报在淮河流域应用及参数规律初探 [J]. 湖泊科学，2017，29（6）：1520 - 1527.